コンピュータ工学入門

鏡　　慎吾
佐野健太郎
滝沢　寛之　共著
岡谷　貴之
小林　広明

コロナ社

まえがき

コンピュータ技術の進歩と，スマートフォンやタブレットなど携帯端末の急速な普及に伴い，われわれの日常生活のありとあらゆるサービスが電子化され，もはやコンピュータなしでは社会が成り立たなくなってきている。一方で，コンピュータには処理の高速化のために高度な並列処理や多階層メモリシステムなどが導入され，その能力を最大限に引き出すためには，さまざまなプログラム上の工夫が必要になってきている。したがって，コンピュータの仕組み，すなわちどのような原理でコンピュータが作られ，中身はどうなっているのかを学ぶことは，コンピュータの設計開発を目指す情報系学生ばかりでなく，コンピュータを活用して制御システムや応用プログラムの開発に従事する理工系学生やデータ分析に従事する医薬・人文・社会系学生にも必須になっている。

本書は，そのような要求に応えるべく，コンピュータの動作原理に関する入門書として，著者らがコンピュータを専門としない機械系学生を対象に実施してきた「計算機工学」の講義資料をもとに書いたものである。本書がカバーする範囲は，コンピュータの歴史から，コンピュータの計算原理を与える論理代数，そして，論理代数に基づく回路設計，さらにはシステムソフトウェアを含むシステム構成・制御技術やネットワーク技術と幅広いが，その内容を本編と付録に分け，本編でひととおりコンピュータの基本原理とシステム構成が理解できるようになっている。ウェブ上で配布する付録では，本編で扱った原理・構成要素のさらなる詳細や並列処理などを含む高度なコンピュータ構成技術を扱っており，より深い知識が得られるようになっている。また，章末問題の解答も記載されている。

本書の執筆者は（私を除いて）執筆時点で40歳前後の，まさにコンピュータを活用して応用分野を切り開いてきた新進気鋭の教育・研究者たちである。非情報系の学生目線でまとめられた本書を通じて，多くの学生たちがコンピュータの仕組みを理解し，その得手・不得手を見極めながらコンピュータの能力を最大限に活用できるプログラム開発の一助になればと思っている。

最後に，本教科書を取りまとめるにあたり，ご尽力いただいたコロナ社に深く感謝する。

2015年1月

著者を代表して
小林広明

目　　　次

1. 数 の 表 現

2. ブール代数と論理回路

3. 組 合 せ 回 路

4.　順序回路の基礎

5.　順序回路の設計と応用

6.　コンピュータの構成とプログラムの実行 (1)

7.　コンピュータの構成とプログラムの実行 (2)

8. メモリシステム

9. コ ン パ イ ラ

10. コンピュータネットワーク

11.　計算機の歴史

付　　　録

以下の Web ページからダウンロード可能である。
http://www.coronasha.co.jp/np/isbn/9784339024920
（本書の書籍ページ。コロナ社のトップページから書名検索でもアクセスできる）

A.　順序回路：発展編

B.　キャッシュメモリの構成

C.　入出力システム

D.　オペレーティングシステム

E.　プロセッサの実現

F.　コンピュータの高性能化

G.　コンピュータネットワーク：発展編

H.　計算機の歴史：資料

1　数の表現

複雑な数値計算のみならず，音楽や映像の再生などのさまざまな処理が可能な現在のコンピュータ（計算機）[†]には，0と1の二つの状態を表す，ビットを単位としてデータを表すディジタル方式が用いられている。本章では，数値データのディジタル表現について述べる。

1.1　2進数によるディジタル表現

1.1.1　ディジタル表現

『広辞苑』（岩波書店）によれば，**ディジタル**（digital）とは「ある量を有限桁の数字列として表現すること」とある。これに対し，**アナログ**（analog）とは「ある量を連続的に変化しうる物理量で表現すること」と説明されている。**図 1.1** に示す2種類の温度計は，アナログ表現とディジタル表現の例である。

(a)　アナログ表現　　(b)　ディジタル表現

図 1.1　アナログ表現とディジタル表現

図(a)の水銀温度計では，温度に応じて球部の水銀が熱膨張し，中央部の毛細管中を上昇する。水銀の高さを読み取ることにより温度を知ることができる。温度に応じて連続して変化する水銀の高さは，温度のアナログ表現であると言える。一方，図(b)のディジタル温度計では，

† **コンピュータ**（computer）と**計算機**は同じ意味で用いた。ただし，11章では歴史を扱っているため計算機と記した。

センサにより読み取られた温度情報が，何らかの電気的処理の後にいくつかのライトの点灯により表現されている。各ライトの点灯と消灯をそれぞれ 1，0 と考えれば，これは 1，0 の有限桁の数字列による温度のディジタル表現に当てはまることがわかる。これらの二つの表現には決定的な違いがある。アナログ表現の水銀温度計では，読み取ることさえできればごく微小な温度変化を観測できる。一方，ディジタル温度計では，ライトの点灯が 0.25°C 単位であるとすれば，それよりも小さな温度変化を知ることはできない。このように，アナログにより表現される値は連続であり中間値をいくらでももちうるのに対し，ディジタル表現は離散的であり中間値をもたない。現在のコンピュータは，ディジタル方式に基づいて作られている。アナログに比べて表現の限定的なディジタル方式を用いるのはなぜだろうか。それは，与えられたデータの記録・処理・伝送を正しく行う必要があるからである。例えば，銀行のオンラインシステムにおいて，貯金の残高が水銀柱の高さにより記録・処理されていることを想像する。この場合，完璧な温度調節を備えた部屋にでも保管しない限り水銀柱の高さは絶えず変動し，正確な残高がわからなくなる。あるいは，水銀が少しずつ漏れていき，残高が減ってしまうかもしれない。また，口座に入金があった場合，水銀柱の高さを入金額の分だけ正確に増やすことは難しい。さらに，残高情報を送信するために，高さを正確に一定に保ったまま水銀柱を別の支店に運ぶのは至難の業である。これらの問題は雑音や減衰によるアナログ表現の劣化が原因であり，水銀柱の高さのかわりに電子回路における電圧によりアナログで残高情報を表現しても変わることはない。このように，連続な物理量をそのまま用いるアナログ表現では，情報の劣化を避けるのは本質的に困難である。

一方，ディジタル表現では，連続情報の一部を切り捨てて離散的に情報を近似表現することにより，情報の劣化を抑えることが可能である。図 (b) のディジタル温度計のようにライトの点灯個数により残高を表せば，よほどのことがない限り金額を間違うことはない。もちろん，表現できる金額はライトの数に左右されるが，通常，残高は有限桁の数値により表現できるため，十分な数のライトを用意すれば実用上問題はない。

実際のコンピュータにおいては，ディジタル温度計におけるライトの点灯・消灯のかわりに，電圧の高低により表現の基本単位であるビットを表す。例えば，0 V と 1.1 V により 2 通りの状態を表現し，それぞれ 0，1 という記号に対応させると，それぞれの電圧が完全に 0 V，1.1 V でなくても，ある閾（しきい）値電圧を境に 0，1 を区別できる。このため，情報を記憶する，あるいは遠方に伝送する際に電圧が若干変動しても，元と変わらない 0，1 を維持することが可能となる。また，後述のように，数値データを 0，1 の列である 2 進数により表現すれば，1，0 を真偽に見立てた論理操作（2 章以降で学ぶ）により値の計算ができる。

いわゆる「数」以外のデータも，コンピュータ内ではすべてディジタル値として表現される。例えば，テキスト処理などは各文字に数値コードを割り振り，そのディジタル値を操作することにより行われる。**ASCII**（American Standard Code for Information Interchange，アスキー）

は，ほとんどのコンピュータで用いられている規格であり，0～127 の**文字コード**（character code）により，英数字，記号，あるいは改行やタブなどの制御を表す。**表 1.1** に ASCII による文字コード表（抜粋）を示す。

表 1.1　ASCII 文字コード表（抜粋）

<table>
<tr><th>コード</th><th>文字</th><th>コード</th><th>文字</th><th>コード</th><th>文字</th><th>コード</th><th>文字</th><th>コード</th><th>文字</th><th>コード</th><th>文字</th></tr>
<tr><td>32</td><td>空白</td><td>48</td><td>0</td><td>64</td><td>@</td><td>80</td><td>P</td><td>96</td><td>`</td><td>112</td><td>p</td></tr>
<tr><td>33</td><td>!</td><td>49</td><td>1</td><td>65</td><td>A</td><td>81</td><td>Q</td><td>97</td><td>a</td><td>113</td><td>q</td></tr>
<tr><td>34</td><td>”</td><td>50</td><td>2</td><td>66</td><td>B</td><td>82</td><td>R</td><td>98</td><td>b</td><td>114</td><td>r</td></tr>
<tr><td>35</td><td>#</td><td>51</td><td>3</td><td>67</td><td>C</td><td>83</td><td>S</td><td>99</td><td>c</td><td>115</td><td>s</td></tr>
<tr><td>36</td><td>$</td><td>52</td><td>4</td><td>68</td><td>D</td><td>84</td><td>T</td><td>100</td><td>d</td><td>116</td><td>t</td></tr>
<tr><td>37</td><td>%</td><td>53</td><td>5</td><td>69</td><td>E</td><td>85</td><td>U</td><td>101</td><td>e</td><td>117</td><td>u</td></tr>
<tr><td>38</td><td>&</td><td>54</td><td>6</td><td>70</td><td>F</td><td>86</td><td>V</td><td>102</td><td>f</td><td>118</td><td>v</td></tr>
<tr><td>39</td><td>’</td><td>55</td><td>7</td><td>71</td><td>G</td><td>87</td><td>W</td><td>103</td><td>g</td><td>119</td><td>w</td></tr>
<tr><td>40</td><td>(</td><td>56</td><td>8</td><td>72</td><td>H</td><td>88</td><td>X</td><td>104</td><td>h</td><td>120</td><td>x</td></tr>
<tr><td>41</td><td>)</td><td>57</td><td>9</td><td>73</td><td>I</td><td>89</td><td>Y</td><td>105</td><td>i</td><td>121</td><td>y</td></tr>
<tr><td>42</td><td>*</td><td>58</td><td>:</td><td>74</td><td>J</td><td>90</td><td>Z</td><td>106</td><td>j</td><td>122</td><td>z</td></tr>
<tr><td>43</td><td>+</td><td>59</td><td>;</td><td>75</td><td>K</td><td>91</td><td>[</td><td>107</td><td>k</td><td>123</td><td>{</td></tr>
<tr><td>44</td><td>,</td><td>60</td><td><</td><td>76</td><td>L</td><td>92</td><td>\</td><td>108</td><td>l</td><td>124</td><td>|</td></tr>
<tr><td>45</td><td>-</td><td>61</td><td>=</td><td>77</td><td>M</td><td>93</td><td>]</td><td>109</td><td>m</td><td>125</td><td>}</td></tr>
<tr><td>46</td><td>.</td><td>62</td><td>></td><td>78</td><td>N</td><td>94</td><td>^</td><td>110</td><td>n</td><td>126</td><td>~</td></tr>
<tr><td>47</td><td>/</td><td>63</td><td>?</td><td>79</td><td>O</td><td>95</td><td>_</td><td>111</td><td>o</td><td>127</td><td>DEL</td></tr>
</table>

以上のように，ディジタル表現は信頼のおけるコンピュータを実現するための基本原理であり，ハードウェア設計からソフトウェア開発，またコンピュータの利用に至るまで欠くことのできない基本知識である。情報の劣化に強いとはいえディジタル表現は万能ではなく，限られた数のビットを用いて目的の情報を効率よく適切に表現することが求められる。以下，コンピュータに用いられる数値表現や，その計算方法について述べる。

1.1.2　2　進　数

1.1.1 項では，今日のコンピュータにおいては 0，1 の 2 通りの状態を表すビットによりデータを表すことを述べた。**2 進数**（binary number）は複数のビットにより数を表現する方法である。より正確には，**基数**（base number, radix）を 2 として数を表したものが 2 進数であり，その 1 桁（binary digit）を**ビット**（bit）と呼ぶ。われわれが普段使っているのは **10 進数**（decimal number）である。**図 1.2**(a) に示すとおり，10 進数では，0～9 の 10 種類の記号を用いて数を表現している。

このため，各桁では 10 通りの数を数えることが可能である。この表現に用いる記号の種類の数のことを基数という。10 進数は基数が 10 の数の表現法である。一方，図 (b) の 2 進数では 0 と 1 の 2 種類の記号により数を表現しているため，基数は 2 となる。基数が 2 の場合には，各桁は 2 通りの数のみ数えることができる。したがって，**図 1.3** に示すように，1 に 1 を加算

(a) 10 進数		(b) 2 進数	
0, 1, 2, 3, 4, 5, 6, 7, 8, 9,		0,	1,
10, 11, 12, 13, 14, 15, 16, 17, 18, 19,		10,	11,
20, ⋯		100,	101,
		110,	111,
		1000,	1001,
		1010,	1011,
		⋯	⋯

図 **1.2**　10 進数と 2 進数

```
  01          11
+)01       +) 01
  10         100
 (a)         (b)
```

図 **1.3**　2 進数の繰上がりの例

すると，つぎの桁に**繰上がり**（**桁上がり**，**キャリー**，carry）が生じ，その桁は 0 となる。

基数が B の数を考える。このとき，$a_N a_{N-1} \cdots a_2 a_1 a_0$ と表された $(N+1)$ 桁の数は式 (1.1) により計算される数を表している。

$$a_0 B^0 + a_1 B^1 + a_2 B^2 + \cdots + a_{N-1} B^{N-1} + a_N B^N = \sum_{i=0}^{N} a_i B^i \tag{1.1}$$

10 進数の場合には，0 から数えて i 桁目が 10^i の数を表していることを考えればわかりやすい。さて，基数 B が 2 の 2 進数の場合には

$$a_0 2^0 + a_1 2^1 + a_2 2^2 + \cdots + a_{N-1} 2^{N-1} + a_N 2^N = \sum_{i=0}^{N} a_i 2^i \tag{1.2}$$

となり，a_i が 0，1 であることから，i 桁目が 1 なら 2^i を表していることになる。

本来の 2 進数には桁数に制限はないが，一般的なコンピュータでは，便宜上ある決まった桁数の 2 進数を用いる。この桁数はコンピュータや処理系†によりさまざまではあるが，多くの場合，**バイト**（byte）と呼ぶ単位の倍数の桁数を扱う。現代のほとんどのコンピュータでは 8 ビットを 1 バイトとする。**図 1.4**(a) に 1 バイトの 2 進数の例を示す。

```
上位 ←――→ 下位
1 0 0 1 0 1 1 0
MSB         LSB
```
(a)　1 バイトの 2 進数

```
1 0 0 0 1 1 0 0 0 0 0 0 1 0 1 1 0 1 0 1 0 1 1 1 0 1 0 0 1 0 0 1 1
MSB                                                             LSB
```
(b)　32 ビット（1 ワード）の 2 進数

図 **1.4**　コンピュータにおける有限桁の 2 進数の例

2 進数において，数の小さな位のことを下位，数の大きな位のことを上位と呼ぶ。また，最も下の位のことを**最下位ビット**（least significant bit, **LSB**）と呼ぶ。同様に，最も上の位のこ

† プログラミング言語が動作するコンピュータ上の環境，またはコンピュータ上で動作できるような準備を行うソフトウェアを言語処理系，略して**処理系**（programming language processing system）と呼ぶ。9 章で学ぶコンパイラやインタプリタなどを指す。

とを**最上位ビット**（most significant bit, **MSB**）と呼ぶ。バイトのほかによく用いられる単位として，**ワード**（word）がある。ワードは**語**と表記することもある。ワードはそのコンピュータや処理系で最も自然に扱うことができる桁数であり，機種により 16 ビット，32 ビット，64 ビットなどと異なる。しかしながら，これまでに広く普及している 32 ビットコンピュータでは 32 ビットの固定長データを 1 ワードとすることが多いことから，本書でも特に断りがない限り 1 ワードは 32 ビットであるとする。図 (b) に 32 ビット 1 ワードの 2 進数の例を示す。

プログラミング言語においても，これらの基本的な桁数の 2 進数を表現する方法が用意されている。**図 1.5** に示すように，C 言語では，**符号なし数**（unsigned number）を表す変数型である unsigned char，unsigned short，unsigned int は，多くの処理系において，それぞれ 8 ビット，16 ビット，32 ビットの 2 進数に対応する。これらが表現可能な値の範囲を図 (b) に示す。コンピュータにおいて，演算結果がこの表現可能な値の範囲を超えてしまうことを**オーバーフロー**（overflow），または**あふれ**という†。オーバーフローはプログラムが正しく動かない原因となりうる。

	(a) 符号なし		(b) 符号付き
8 bit（unsigned char）	$0 \sim 255 (= 2^8 - 1)$	（signed char）	$-128 \sim 127$
16 bit（unsigned short）	$0 \sim 65535 (= 2^{16} - 1)$	（signed short）	$-32768 \sim 32767$
32 bit（unsigned int）	$0 \sim 4294967295 (= 2^{32} - 1)$	（signed int）	$-2147483648 \sim 2147483647$

図 1.5　C 言語における整数型と，典型的な処理系で表現可能な値の範囲（unsigned は符号なし，signed は符号付きを表す）

1.1.3　10 進数，16 進数，8 進数

10 進数の数 37 を 2 進数で表現するとどうなるであろうか。また，1011 という 2 進数は 10 進数ではいくらだろうか。特にプログラムを作成する際に，このような基数の異なる数どうしの変換方法が必要となることがある。1 と 0 だけの 10 進数の数は 2 進数と区別がつかないため，以降，本章では基数を右下に添えることとする。基数を省略した場合には 10 進数として解釈することとする。

2 進数から 10 進数への変換は，式 (1.2) を計算することにより行える。例えば，1011_2 は

$$1 \times 2^0 + 1 \times 2^1 + 0 \times 2^2 + 1 \times 2^3 = 1 + 2 + 8 = 11 \tag{1.3}$$

であることから 11 とわかる。一方，10 進数から 2 進数への変換にはさまざまな方法が考えられるが，筆算により変換する方法として**図 1.6** の方法がある。この例では 37 を 2 進数 100101_2 に変換している。変換は，2 での割り算を繰り返し行い，余りを並べていくことにより行われ

† 符号なし数においては，最上位ビットを超えて繰上がり・繰下がりが生じる場合と一致する。そのため桁あふれとも呼ばれるが，後述する符号付き数も含めて考えると，桁があふれることとオーバーフローは必ずしも一致しない。

2での除算

		余り	
2	37		
2	18	… 1	
2	9	… 0	
2	4	… 1	100101_2
2	2	… 0	
2	1	… 0	
	0	… 1	

図 1.6　筆算による 10 進数から 2 進数への変換

る。図の例では，まず 37 を 2 で割り，商 18 と余り 1 を下に書く。つぎに，18 を 2 で割り，商 9 と余り 0 を書く。これを商が 0 になるまで繰り返す。最後に，一番下を最上位，一番上を最下位として縦に並んだ余りを並べると，変換後の 2 進数が求まる。

コンピュータの内部では 2 進数が用いられるものの，人間が読み書きするには桁数が多すぎて不便である。10 進数は人間が読み書きしやすいが，上述のように 2 進数との相互変換が煩雑である。そこで，**8 進数**（octal number）や **16 進数**（hexadecimal number）を用いることがある。8 進数は基数が 8 の数の表現方法であり，16 進数は基数が 16 の数の表現方法である。**図 1.7** にこれらの特徴を示す。図 (a) に示す 8 進数では，各桁において 0～7 の 8 個の記号を用いる。各桁が表す 0～7 の数は，3 ビットの 2 進数に対応している。このことから，図のように，2 進数を 3 ビットごとに区切り，それぞれを各桁に変換することにより，2 進数から 8 進数への変換が行える。逆も同様である。

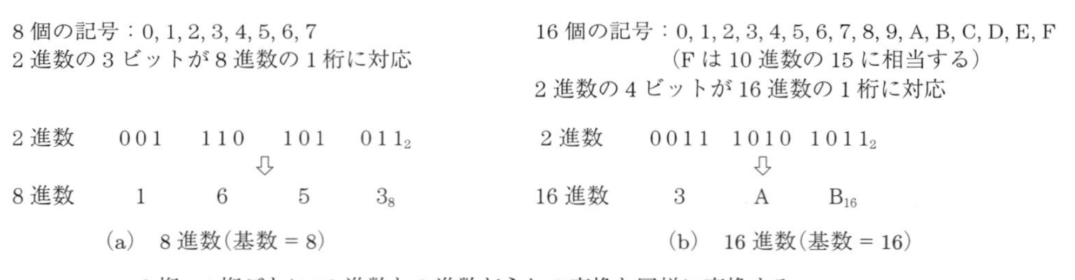

図 1.7　8 進数と 16 進数の特徴

図 (b) に示す 16 進数の場合には，16 種類の記号を用いる。このため，0～9 に加えて，アルファベットの A～F を使用する。このアルファベットは小文字として書かれる場合もある。A, B, C, D, E, F はそれぞれ 10, 11, 12, 13, 14, 15 を表す。すなわち，16 進数では各桁は 15 まで数えることができ，これを超えるとつぎの桁に桁上げを生じることになる。0～15 の数は，4 ビットの 2 進数に対応している。このため，8 進数の場合と同様に 4 ビットごとに区切り，それぞれを変換することにより 2 進数と 16 進数の変換が行える。以上のように，8 進数と 16 進数ではそれぞれ 3 ビット，4 ビットの 2 進数と各桁の対応関係さえ覚えてしまえば，各桁独立に素早く変換が可能となる。

1.1.4　2 進数の加減算・乗除算

2 進数の加減算・乗除算は，繰上がりと繰下がりに注意して 10 進数の筆算と同様に行えばよい。**図 1.8** に筆算による 2 進数の加減算の例を示す。2 進数では各桁 1 までしか数えることができないため，1 に 1 を加算する場合にはつぎの桁に繰り上がり，1 を生じる。この点に注意して，あとは 10 進数の場合と同様に下位から順に各桁の加算を行えばよい。桁上げ 1 を入れると $1+1+1$ となる桁では，つぎの桁に 1 を繰り上げ，かつその桁の答も 1 となる。減算の場合，$0-1$ となる桁では上の桁からの**繰下がり**（**桁下がり**，**桁借り**，**ボロー**，borrow）を必要とする。この場合，上の桁からは 2 を借りてくることになるため，$2-1=1$ がその桁の答となる。図の例では，2 桁目の上の値 1 が繰下がりにより 0 となっている。

	2 進数	10 進数
	1111	
	01111010_2	122
+)	00111001_2	57
	10110011_2	179

（a）　繰上がり

	2 進数	10 進数
	0	
	$011110\not{1}0_2$	122
−)	00111001_2	57
	01000001_2	65

（b）　繰下がり

図 1.8　筆算による 2 進数の加減算

加減算がわかれば，乗除算も 10 進数と同様に行うことができる。**図 1.9** に筆算による 2 進数の乗除算の例を示す。乗算の場合，乗数の各桁を下位より見ていき，1 の場合には被乗数をその桁の位置から書き出す。0 の場合には 0 を並べた数を書き出す。乗数のすべての桁についてこれを行った後，最下位より各桁の加算を行う。複数の 1 を加算する場合には必要な数だけつぎの桁へ繰上げを行う。加算の結果が乗算の答である。図が示すように，乗算の場合には，乗数，被乗数よりも桁が増える場合がある。一般に，n 桁と m 桁の乗算の結果は最大で $(n+m)$ 桁の 2 進数となる。例えば，すべての桁が 1 の数どうしの乗算は，最大の桁数の積を生じる。

```
      0111₂    7
  ×)  1101    13
      ----
      0111
     0000
    0111
   0111
   -------
   1011011₂   91
```

（a）　乗　算

```
              1011₂    11(商)
       ┌──────────
 1011₂ ) 01111010₂     (122÷11)
          1011
          -----
          10001
           1011
           -----
            1100
            1011
            ----
               1₂      (余り 1)
```

（b）　除　算

図 1.9　筆算による 2 進数の乗除算

除算の場合，被除数の最上位から見ていき，除数を引くことのできる桁数まで下がったところで上に 1 を書き出す。その位置の下方に除数を書き出し，減算を行う。減算結果に被除数の残りの桁を加えていき，除数を引くことができなければ 0 を書き出していく。引くことができる場合には 1 を書き出す。以上を被除数の最下位まで行うと，上方に商が，下方に余りが求められる。除算の場合，商の桁数は被除数よりも小さくなる。一般に，$2n$ 桁の数を n 桁の数で割ると，商は n よりも少ない桁の数となる。

また，2^n との乗算・除算は，**ビットシフト**（bit shift）によって行うことができる。ある数 X を上位方向に n ビットシフト（**左シフト**）を行った数を $X_{\text{left}=n}$ とする。式 (1.2) より

$$X = \sum_{i=0}^{N} a_i 2^i \tag{1.4}$$

$$X_{\text{left}=n} = \sum_{i=0}^{N} a_i 2^{i+n} = 2^n \sum_{i=0}^{N} a_i 2^i = 2^n X \tag{1.5}$$

が得られる。これは，n ビットの左シフトは 2^n との乗算を行うのに等しいことを意味している。同様に，n ビットの**右シフト**は 2^n による除算（2^{-n} の乗算）に相当する。ビットシフトでは 2^n による乗除算のみが可能ではあるが，任意の数に対する乗除算を行う回路よりも高速かつ簡単なシフト回路を組み合わせて実現できる。

1.2　2進数による符号付き数の表現

1.2.1　符号と絶対値法

1.1 節では，2 進数は 0 と正の整数を表現することができ，特に n 桁の 2 進数の場合，0 以上 (2^n-1) 以下の範囲の整数を表せると述べた。しかしながら，計算問題によっては，負の数も含めた**符号付き数**（signed number）を扱う必要もある。以下，2 進数において符号付き数を表現する方法について説明する。

一般に，10 進数で負数を表す場合，どうするだろうか。ほとんどの人は，数の前に符号を付けて表現するであろう。すなわち，正の数は $+39$，負の数は -39 という具合に，$+$ と $-$ の正負を示す記号を用いて表現を行っている。この表現方法は，符号（$+, -$）とその数の絶対値 39 を用いることから，**符号と絶対値法**（sign and magnitude）と呼ばれている。

2 進数でも，符号と絶対値法を用いて符号付き数を表現することができる。例えば，-100111_2 のように表すことができる。実際には，コンピュータでは情報をすべてビットにより表さなくてはならないため，$+$ の符号を 0，$-$ の符号を 1 として，**図 1.10** のように MSB を符号のた

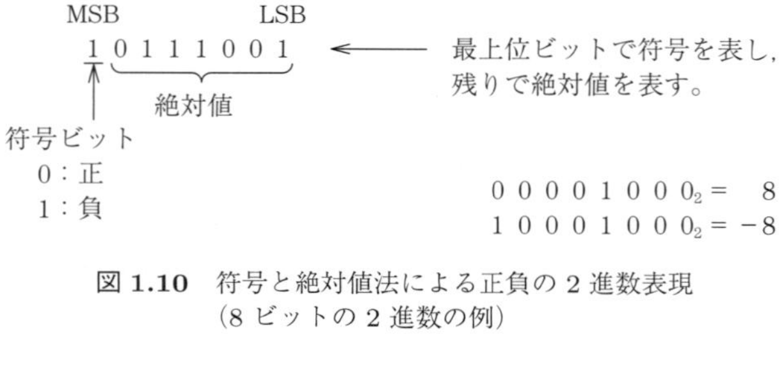

図 1.10　符号と絶対値法による正負の 2 進数表現（8 ビットの 2 進数の例）

めのビットと見なして表現する。絶対値に符号を付加するこの表現方法は，10 進数と同じで理解しやすいという長所をもつ。

しかしながら，一方でつぎのような短所もある。まず，冗長である。符号と絶対値法では 0 に +0 と −0 の 2 種類の表現がある。このため，8 ビットの 2 進数の場合，表現可能な範囲が $-127(= 11111111_2) \sim -0(= 10000000_2)$，および $+0(= 00000000_2) \sim +127(= 01111111_2)$ となる。本来はもう一つ別の数を表現できたはずであるが，±0 の冗長表現に無駄に使われてしまっている。コンピュータでは有限個のビットにより情報を表しているため，このような無駄は好ましくない。また，ある数が 0 と等しいことの判定に少し余計な手間が掛かる（+0 と −0 の両方と比較しなくてはならない）という問題も生じる。

もう一つの短所は，加減算処理が複雑だという点である。通常の 10 進表示の正負の数の加減算の手順を思い出せばわかるとおり，二つの数が同符号か異符号か，二つの数のどちらの絶対値が大きいかによる，複雑な場合分け処理を行わなくてはならない。このように，符号と絶対値を別々に扱い，かつ，いくつかの場合分けを行う必要があるため，演算回路が複雑になってしまうといった欠点がある。

それでは，表現が冗長でなく，かつ，同符号・異符号や絶対値の大小関係による場合分けが不要で，つねに同じ式により加減算が可能となるような表現方法はあるのだろうか。この一つの答が，1.2.2 項において説明する **2 の補数**（two's complement）表現である。

1.2.2　2 の補数表現

n 桁の B 進数で表示される自然数 X を考える。X に加算したときに $(n+1)$ 桁目に桁上げが生じるような最小の自然数を，B 進法における X に対する B の補数という。$B = 10$ として 10 進数の例を考える。**図 1.11** に示すように，$n = 3$ 桁の自然数 627 に対する 10 の補数は，4 桁目に初めて桁上がりする数が 1000 なので，$1000 - 627 = 373$ と求まる。

$$\begin{array}{r} 627 \\ +)\ 373 \\ \hline 1000 \end{array}$$

よって 373 は 627 に対する 10 の補数。

(a)　10 進数の場合

$$\begin{array}{r} 01101110_2 \\ +)\ 10010010_2 \\ \hline 100000000 \end{array}$$

よって 10010010_2 は 01101110_2 に対する 2 の補数。

(b)　2 進数の場合

図 1.11　補数表現の例

2 進数の場合はどうであろうか。8 桁（$n = 8$）の 2 進数 01101110_2 に対する 2 の補数は，9 桁目に桁上がりを生じる最小の数であるから，$100000000_2 - 01101110_2 = 10010010_2$ と求められる。一般に，X に対する 2 の補数である n 桁の 2 進数は，$2^n - X$ で与えられる。

2 の補数表現（two's complement representation）による符号付き数とは，負数 $-X$ を表すために，X に対する 2 の補数を用いる表示方法である。このルールだけでは正数が表せなくなるため，MSB が 0 である数は符号なし数と同じ正数を表し，MSB が 1 である数は負数を表すと約束する。

図 1.12 に 4 ビットの 2 進数の場合の 2 の補数表現による符号付き数を示す。0〜7 は符号なし数の場合と同じである。一方，-1 は 1 の 2 進数 0001_2 に対する 2 の補数である 1111_2 で表される。同様に，$-2, -3, \cdots, -7, -8$ は，それぞれ $0010_2, 0011_2, 0111_2, 1111_2$ に対する補数の $1110_2, 1101_2, \cdots, 1001_2, 1000_2$ により表される。符号と絶対値法と異なり，0 の表現は一通りである。また，この表現には，正数として 0 から 1 ずつ増やしていく場合を考えると，7 のつぎの数が -8 となり，続けて $-7, -6, \cdots$, と増加していき，-1 のつぎの数が 5 ビット目を無視すると，元の 0 に戻る循環の特徴がある。また，定義から明らかなように，符号と絶対値法と同様に MSB が符号を表す**符号ビット**（sign bit）となっている。n ビットの 2 進数の場合，表現できる範囲は -2^{n-1}〜$(2^{n-1}-1)$ となる。C 言語における符号付き整数型と，多くの処理系におけるそれらの表現範囲を前出の図 1.5(b) に示した。

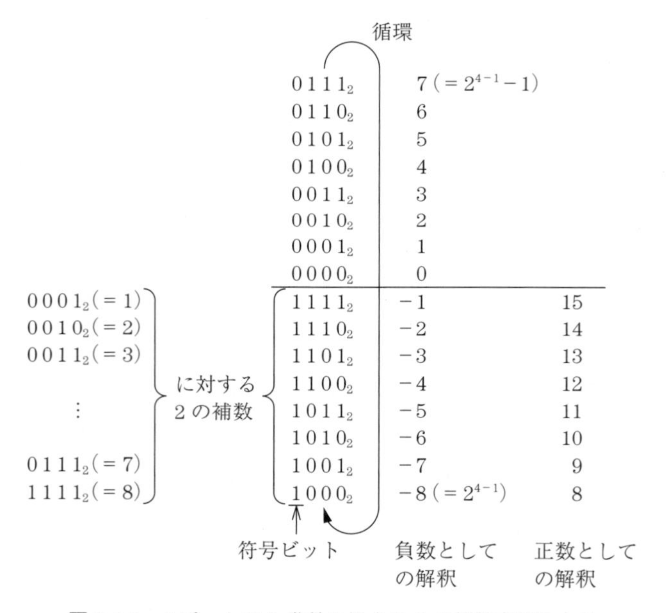

図 1.12　4 ビットの 2 進数の場合の 2 の補数表現による符号付き数

n ビットの 2 の補数表現の符号付き数を表すビット列 $a_{n-1}\cdots a_2a_1a_0$ は，MSB である a_{n-1} が 0 の場合は正数 $\displaystyle\sum_{i=0}^{n-1} a_i 2^i = \sum_{i=0}^{n-2} a_i 2^i$ を表し，a_{n-1} が 1 の場合は負数

$$
\begin{aligned}
-\left(2^n - \sum_{i=0}^{n-1} a_i 2^i\right) &= \sum_{i=0}^{n-1} a_i 2^i - 2^n \\
&= \sum_{i=0}^{n-2} a_i 2^i + 2^{n-1} - 2^n
\end{aligned}
$$

$$= \sum_{i=0}^{n-2} a_i 2^i - 2^{n-1} \tag{1.6}$$

を表す。これらをまとめて

$$\sum_{i=0}^{n-2} a_i 2^i - a_{n-1} 2^{n-1} \tag{1.7}$$

が，このビット列で表される数を与える。すなわち，符号ビットは -2^{n-1} の意味をもつ。例えば，図 1.12 における -6 を表す 1010_2 は，$2^1 - 2^{4-1} = 2 - 8 = -6$ として，10 進数による表現を求めることができる。

ある数 X の n ビット符号付き 2 進表示が与えられたとき，その符号を反転した数の表示は以下のように考えると得ることができる。

符号反転した数 $Y = -X$ は，定義より

$$-X \equiv Y = 2^n - X = (2^n - 1 - X) + 1 \tag{1.8}$$

である。式 (1.8) における $(2^n - 1)$ は，n 桁がすべて 1 の数である。そこから X を引いて得られる 2 進数 $Z = (2^n - 1 - X)$ は，X の各桁に対し 0 なら 1 へ，1 なら 0 へとビット反転を行った数となる†。したがって，式 (1.8) は，ある数の符号反転を行うには，n ビットのそれぞれを，独立してビット反転した後に 1 を加えればよいことを示している。この操作を **2 の補数変換**，あるいは単に補数変換と呼ぶ。

図 1.13 に 8 ビット 2 進数の符号反転の例を示す。105 を表す 2 進数 01101001_2 の全ビットを反転し，得られた 10010110_2 に 1 を加えることにより，-105 を表す 2 の補数表現を求めることができる。逆に，-105 を表す 2 進数に同様な操作を施すと，105 を表す 2 進数が得られる。このように，2 の補数変換は符号反転を意味する。負の 10 進数が与えられた場合，この変換を用いて 2 の補数表現による n ビットの 2 進数を簡単に求めることができる。例えば，-105 を求める場合，まず，図 1.6 に示した方法で正の数である 105 を表す $(n-1)$ 桁の 2 進数を求める。つぎに，求めた 2 進数に対し，2 の補数変換を行うことにより -105 の 2 進数表現を得る。

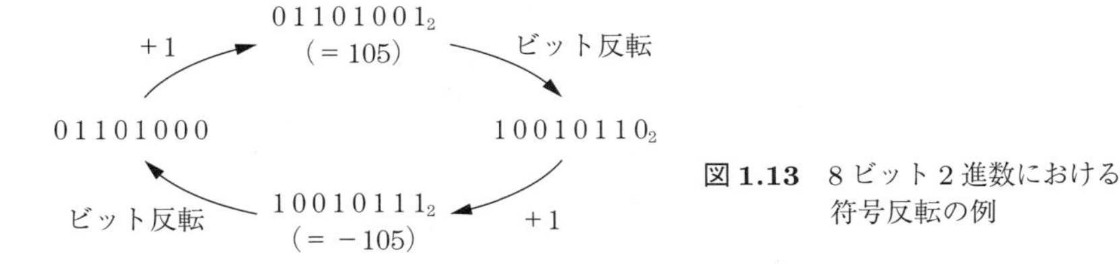

図 1.13　8 ビット 2 進数における符号反転の例

1.2.3　2 の補数表現の加減算

符号と絶対値法による負数表現には，加減算の際に符号や絶対値の大小関係による複雑な場

† このような数 Z を 2 進数における数 X の **1 の補数**（one's complement）という。

合分けが必要となるという欠点があった。2の補数表現では加減算はどのように行えるのだろうか。いま，n ビットの正の2進数 X，Y を考える。この二つの数の減算 $X-Y$ は，**図 1.14** に示すように，X および $-Y$ を表す2の補数表現の加算として計算することができる。

$$X-Y=X+(-Y)=X+\underline{(2^n-Y)}\ \underline{-2^n}$$

Yの2の補数表現　(n+1)ビット目の1を削除

(a)　n ビットの2進数の減算は加算として計算可

$X=01111010_2$
$-Y=11111111_2$

```
     01111010
+)   11111111
    101111001
```

削除　121

(b)　$X=122$，$Y=1$ の8ビットの例

図 1.14　2の補数表現における加減算

減算 $X-Y$ は X と $(-Y)$ の加算と考えることができる。ここで，$(-Y)$ を2の補数で表すと (2^n-Y) となる。元の $X-Y$ に 2^n が加わったが，$n+1$ 桁目は無視されるので，この 2^n は削除される。このような $X-Y=X+(2^n-Y)-2^n$ という式変形は，X と $-Y$ の補数表現の2進数をあたかも n ビットの正の2進数として加算し，$(n+1)$ ビットへの桁上がりを無視することにより，減算を加算操作により計算できることを意味する。$122-1$ の例を8ビットで考える。-1 は2の補数表現で 11111111_2 となる。これを122を表す 01111010_2 に加算し，9ビット目への桁上げを無視することにより減算の答である 01111001_2 $(=121)$ が求められる。

では，加算についてはどうだろうか。n ビットの正の2進数 X，Y の加算 $X+Y$ は，結果が $0\sim(2^{n-1}-1)$ の範囲であり，オーバーフローしなければ，正の2進数の加算として普通に計算すればよい。X，Y の一方が負数の2の補数表現である場合は，前述の $X-Y$ $(X>0,\ Y>0)$ の場合に帰着できる。X，Y の両方が負数の2の補数表現である場合は，X，Y の2進数表現を正の数と考えて加算を行い，$(n+1)$ 桁目への桁上がりを無視することにより，結果の負数を表す2の補数表現が得られる。**図 1.15** に，2の補数による負数どうしの加算の例を示す。

$X=-3$，$Y=-9$ の場合の $X+Y$

```
     11111101₂  (=−3)
+)   11110111₂  (=−9)
    111110100
```

削除　$-12=(-3-9)$

図 1.15　2の補数表現の負数どうしの加算の例

以上をまとめると，符号付き数を2の補数により表す場合，正負の数の加減算はすべて同一の加算式を用いて計算できることがわかる。このように場合分けがない計算を行う回路は，非常に簡単かつ高速なものとなる。

1.2.4 2の補数表現のビット拡張

4ビットの正の2進数が与えられたとき，値を変えずにこれを8ビットに拡張するには，すべてが0の4ビットを上位に追加すればよい。では，2の補数表現の負数に対しビット拡張を行うにはどのようにすべきだろうか。答は，**図1.16**に示すとおりである。4ビットから8ビットへの拡張以外の場合も，-1の2の補数表現はつねに全ビット1になることを思い出し，そこから値を減らしていって目的の負数を作る操作を考えれば，ビット長によらず，つねにこのルールで拡張できることがわかる。したがって一般に，2の補数表現の符号付き数のビット拡張は，符号を表すMSBと同じ0，1を上位に付加すればよい。これを**符号拡張**（sign extension）と呼ぶ。

4ビット		8ビット	
$0101_2(=5)$	→	$\underline{0000}$	$0101_2(=5)$
$1101_2(=-3)$	→	$\underline{1111}$	$1101_2(=-3)$

正・負ともに符号ビットを付加する

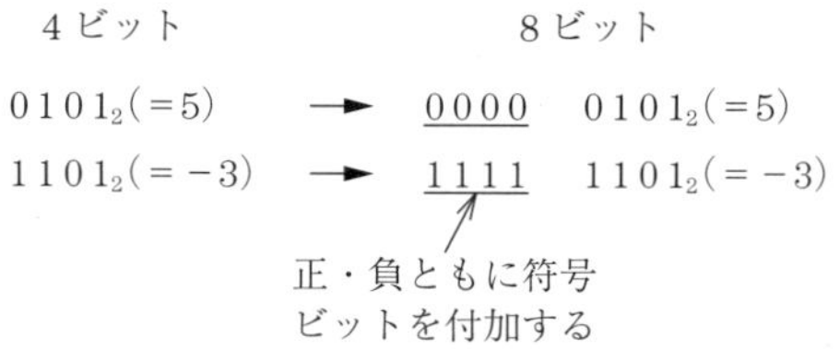

図1.16 2の補数表現のビット拡張

これに対して，MSBの値によらずに0を上位に追加することを**0拡張**（zero extension）と呼ぶ。符号なし数の拡張はこちらで行う。

1.3 固定小数点数と浮動小数点数

1.2節では，2進数による整数の表現とその加減乗除について述べた。整数演算はコンピュータの主要な演算操作であり，多くのアプリケーションにとって不可欠である。しかしながら，物理シミュレーションなどのように，実数を扱いたい計算問題があることも事実である。有限桁のビット列により数を表現しなくてはならないコンピュータにとって，実数を完全に表現することは困難である。このため，これに代わって小数点をもつ数により実数を近似的に表現する方式が一般的である。この小数点数を表現する方式として，固定小数点数と浮動小数点数がある。本節では，まず固定小数点数について説明し，つぎに浮動小数点とその標準規格について述べる。

1.3.1 固定小数点数とその加減乗算

決まった桁数の10進数により小数点数を表す場合，例えば，123.4567のように必要な位置に小数点を配置し，整数部分と小数部分を区別する。**固定小数点数**（fixed-point number）は，このようにある決まった位置に小数点を置く表現方法である。

例えば，4ビットの整数部分と2ビットの小数部分からなる固定小数点数は，1011.01_2のようになる。1の位は2^0の意味をもつが，小数部分は小数点の右隣は2^{-1}，さらにその隣は2^{-2}の意味をもつ。このため，1011.01_2は10進数では

$$
\begin{aligned}
&1 \times 2^3 + 0 \times 2^2 + 1 \times 2^1 + 1 \times 2^0 + 0 \times 2^{-1} + 1 \times 2^{-2} \\
&= 8 + 2 + 1 + 0.25 = 11.25 \qquad (1.9)
\end{aligned}
$$

となる。一般形として，$a_{N-1} \cdots a_1 a_0 . b_1 b_2 \cdots b_{M-1} b_M$ という 2 進数の表す整数部分 N 桁，小数部分 M 桁の固定小数点数は，式 (1.10) により計算される数を表している。

$$
\begin{aligned}
&a_0 2^0 + a_1 2^1 + \cdots + a_{N-1} 2^{N-1} + b_1 2^{-1} + b_2 2^{-2} + \cdots + b_{M-1} 2^{-(M-1)} + b_M 2^{-M} \\
&= \sum_{i=0}^{N-1} a_i 2^i + \sum_{i=1}^{M} b_i 2^{-i} \qquad (1.10)
\end{aligned}
$$

したがって，固定小数点 2 進数から 10 進数への変換は，式 (1.10) を計算すればよい。逆に，10 進数から固定小数点 2 進数への変換は，整数部分は図 1.6 に示した方法により，また，小数部分は**図 1.17** に示す方法により筆算で行うことができる。

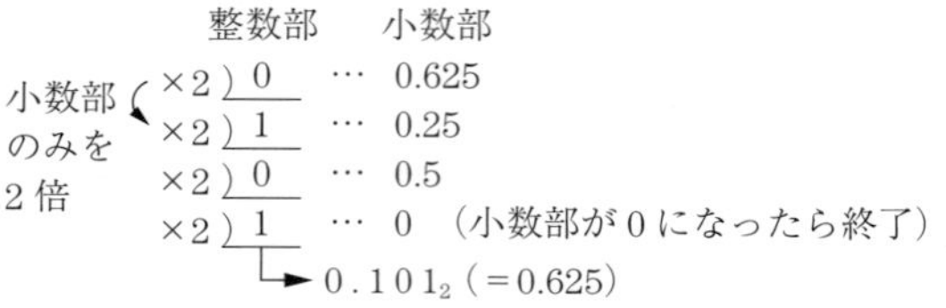

		整数部		小数部
小数部のみを2倍	×2	0	…	0.625
	×2	1	…	0.25
	×2	0	…	0.5
	×2	1	…	0（小数部が 0 になったら終了）

→ 0.101_2（＝0.625）

小数部分について 2 倍を繰り返し行い，1 の位を下から並べる。

図 1.17　10 進数から 2 進数への小数部分の変換方法

固定小数点数の加減算は，10 進数の小数点数と同様に小数点を揃えたうえで整数の場合と同様に行い，最後に同じ位置に小数点を付ければよい。**図 1.18** にこの例を示す。乗算の場合には，まず小数点を最下位に移動し整数を作る。ただしその際，元に戻すための小数点の移動量を控えておく。つぎに，整数どうしを掛け合わせる。最後に，二つの数の小数点の移動量を合わせて適用し，乗算の答に小数点を付ける。

```
    0110.01₂    (=6.25)
+)  011.011₂    (=3.375)
   1001.101₂    (=9.625)
```

(a)　加算は小数点を揃えて行う。

```
         011001   ×2⁻²  (=6.25)
     +)  011011   ×2⁻³  (=3.375)
         011001
        011001
       000000
      011001
     011001
    000000
    01010100011   ×2⁻⁵
   =010101.00011₂  (=21.09375)
```

(b)　乗算は整数として行った後，小数点位置を求める。

図 1.18　固定小数点数の加減算と乗算

固定小数点をコンピュータで用いる際には，小数点の位置を統一することが多い。例えば，32 ビットの整数を表す 2 進数に対し，下位 8 ビットが小数部分であると決めておく。そうして最後に値を解釈する際に，整数値に 2^{-8} を掛けて小数に変換する。この場合，小数点の位置はどの数も同じであるため，加減算は小数部分を意識せずにそのまま 32 ビットの整数どうしとして行えばよい。乗算の場合には，整数での乗算結果に 2^{-16} を掛ける必要があるが，これは 64 ビットの乗算の結果が 16 ビットの小数部分を含むことを示している。8 ビットの小数部分を含む 32 ビットの固定小数点数に直すため，下位 8 ビットと上位 24 ビットを捨てて中間の 32 ビットを取り出す必要がある。この操作は，計算後の 64 ビット値を 8 ビット右へシフトした後，下位 32 ビットのみを残すことにより行われる。

小数点の位置を固定して表現する固定小数点数は，直感的でわかりやすく，また演算操作も比較的簡単である。また，与えられた桁数のうち符号ビットを除くすべてを数の表現に用いているため，有効桁数の点で無駄がない。しかしながら，数の表現範囲が狭く，かつ，極端に小さな数においては有効桁数が確保できないという欠点がある。例えば，整数部分 24 ビット，小数部分 8 ビットの正の固定小数点数を考える。この数の表現範囲は，$0 \sim 11111111111111111111.11111_2 (=$ $1677215.99609375)$ である。最大値は大きな値ではあるものの，それでも数億や数兆などのさらに大きな数を扱う可能性のある問題には適用できない。また，最大値に近い値を表現する場合には 10 進数で 15 桁の有効桁数をもつが，0 に近い数を表現するときには，有効桁数は 1〜2 桁と非常に小さくなってしまう。このため，計算結果の絶対値が入力に対して極端に小さくなるような場合，大きな計算誤差が現れることとなる。

以上のことから，固定小数点数は演算が比較的簡単で，整数演算とほとんど変わらないような小さな回路により高速に計算できる可能性があるものの，値域がある程度狭いとあらかじめわかっていて，かつ有効桁数が極端に少ない数が現れないような計算問題を除いて，あまり用いられない。

1.3.2 浮動小数点数

固定小数点の問題である表現範囲の狭さと，有効桁数の偏りを改善するにはどのような表現方法がよいだろうか。科学分野では，有効桁数を明示する表し方として，指数形式がよく用いられる。123.4 という数は，もし有効桁数が 10 桁であれば 1.234000000×10^2 という指数形式により書かれる。このように，一定の有効桁をもつ部分と小数点の位置を表す指数を別々にもてば，固定小数点の問題が解決できるのではないだろうか。上記の例と同じ発想で 2 進数により表した小数点数を，**浮動小数点数**（floating-point number）という。浮動というのは，指数により自在に小数点の位置を変えられるという意味である。

浮動小数点数の値は，式 (1.11) により表現される。

$$(\text{値}) = (-1)^{(\text{符号})} \times (\text{仮数}) \times 2^{(\text{指数})} \tag{1.11}$$

符号 (sign) はその名のとおり正負を決める数で，0 なら正，1 なら負を表す。**仮数**（mantissa, significand）はある有効桁数をもつ値である。**指数**（exponent）は小数点の位置を決めるための数で，2 進数では小数点が右に 1 桁動くと値が 2 倍になることから，底は 2 である。

さて，式 (1.11) の形式を用いる場合，固定小数点数 $+011.00100_2$ はどのように表せるだろうか。じつはこの場合，表現の仕方は無限にある。例えば

$$
\begin{aligned}
+011.00100_2 &= (-1)^0 \times 0.0011001 \times 2^4 \\
&= (-1)^0 \times 0.0110010 \times 2^3 \\
&= (-1)^0 \times 0.1100100 \times 2^2 \\
&= (-1)^0 \times 1.1001000 \times 2^1
\end{aligned}
\tag{1.12}
$$

のように，仮数における小数点の置き方とそれに対応する指数の組合せは無数にある。しかしながら，限られた仮数の桁数を有効に用いるために，**正規化浮動小数点数**（normal floating-point number，正規化数）と呼ばれる表現が用いられる。式 (1.12) の最後の行が正規化浮動小数点数である。この表現では，仮数の MSB が 1 となるように指数を決定する。つねに MSB が 1 となるように仮数を表現することにより，仮数のすべての桁を有効に使用して有効桁数を最大化できる。また，0 以外の数においてつねに MSB が 1 であると仮定することにより MSB を記録する必要がなくなるため，これを省略することにより，1 ビット少ない仮数で同じ有効桁数を実現できる。値を求める際には，記録されている仮数の上位に省略された MSB である 1 を付加すればよい。

1.3.3　IEEE754 フォーマット

1.3.2 項の考えに基づき，コンピュータの世界において浮動小数点形式の標準化がなされている。現在，ほとんどのコンピュータにおいて用いることのできる標準形式として，**IEEE754 フォーマット**[†1]が定義されている。**図 1.19** に，IEEE754 浮動小数点フォーマットとして定義されている，32 ビットの**単精度**（single precision）浮動小数点形式と，64 ビットの**倍精度**（double precision）浮動小数点形式を示す[†2]。単精度と倍精度は指数部と仮数部のビット数が異なり，これによりそれぞれ別々の有効桁数と値の表現範囲をもつ。

単精度浮動小数点形式では，MSB は符号ビットであり 0 は正，1 は負を示す。23 桁目から 30 桁目までの 8 ビット 2 進数は指数部と呼ばれ，-126 以上 127 以下の範囲の指数を表す。指数部には，符号と絶対値法や 2 の補数表現とは異なる，**バイアス値**（bias）を加算する**下駄**（げた）**履き表現**（biased exponent）方法が用いられている。この方法では，表現する正負の数はバイアス値を加えてつねに正の数として記録される。指数部のバイアス値は 127 であり，記録されている正の整数から 127 を引くことにより，元の指数を求めることができる。8 ビットの正の 2 進数の範

†1　IEEE（アイトリプルイー，The Institute of Electrical and Electronics Engineers）は，米国に本部がある電気・電子技術の学会。

†2　最新規格（IEEE754-2008）では，32 ビットおよび 64 ビット以外の形式や，10 進浮動小数点数の形式も定められている。

1ビット　8ビット　23ビット

s	指数部								仮数部																						
31	30	29	28	27	26	25	24	23	22	21	20	19	18	17	16	15	14	13	12	11	10	9	8	7	6	5	4	3	2	1	0

(a)　単精度浮動小数点形式(32ビット)　$(-1)^s \times 1.$(仮数)$\times 2^{-127}$

1ビット　11ビット

s	指数部											仮数部																			
31	30	29	28	27	26	25	24	23	22	21	20	19	18	17	16	15	14	13	12	11	10	9	8	7	6	5	4	3	2	1	0

計52ビット

続きの仮数部																															
31	30	29	28	27	26	25	24	23	22	21	20	19	18	17	16	15	14	13	12	11	10	9	8	7	6	5	4	3	2	1	0

(b)　倍精度浮動小数点形式(64ビット)　$(-1)^s \times 1.$(仮数)$\times 2^{-1023}$

図 1.19　IEEE754 浮動小数点フォーマット

囲は0以上255以下であり，本来，この指数部は-127以上128以下の指数を表現可能である。しかしながら，-127に対応する00000000と，128に対応する11111111は特別な表現のための符号として用いられるため，これらを除いた-126以上127以下が指数の範囲となる。特別な表現については後述する。残る0〜22桁目の23ビットの2進数は，正規化された仮数部であり，暗黙の1を最上位ビットに追加した1.(仮数部)の24ビット固定小数点数として解釈される。

倍精度浮動小数点形式も同様である。MSBは符号ビットである。つぎの11ビットの指数部は，バイアス値が1023であり，00000000000および11111111111の特別な表現のほか，-1022以上1023以下の指数を表す。残る52ビットは正規化された仮数部である。指数の範囲と仮数の桁数から，単精度と倍精度は（後述する非正規化数を除くと）それぞれつぎのような表現可能範囲をもつ。IEEE754では，絶対値がこの最大数を超えることを**オーバーフロー**，最小数を下回ることを**アンダーフロー**と定義している。

	絶対値の最大数	絶対値の最小数
単精度	$1.999\cdots \times 2^{127}$ $(\cong 3.4 \times 10^{38})$	1.0×2^{-126} $(\cong 1.2 \times 10^{-38})$
倍精度	$1.999\cdots \times 2^{1023}$ $(\cong 1.8 \times 10^{308})$	1.0×2^{-1022} $(\cong 2.2 \times 10^{-308})$

32ビットの固定小数点数が，符号ビットを除く31ビットの有効桁数をもつのに対し，単精度の浮動小数点数は，仮数の有効桁数が23ビットと少なくなっているものの，この有効桁数を維持したまま広い範囲の数を表現できる。このように，浮動小数点数は，同じ有効桁を維持しながら非常に広い範囲の値を表現できる。

単精度と倍精度の浮動小数点数において，すべての桁が0または1の指数部は，それぞれ特別な意味をもつと述べた。指数部が全桁0のとき，指数は最小値として，仮数部は暗黙の1を最上位ビットに追加せずに解釈される。このため，仮数部がすべて0の2進数の場合は0.0を表現することになる。仮数部が0ではない場合は，単精度であれば$(-1)^{(\text{符号})} \times 0.$(仮数部)$\times 2^{-127}$を表現することとなる。これを**非正規化数**（subnormal number）と呼び，仮数の有効桁数を犠牲にしながらも，正規化数の場合よりも絶対値の小さな数を表現可能となる。指数部が全桁1のとき，浮動小数点数はつぎのような特殊な数を表す。仮数が 0 の場合は，無限大（inf, infinity）を表す。仮数が 0 でない場合は，**NaN**（not a number）という，例えば $0 \div 0$ を行った場合などの数値を定義できない状態を表す。

以上のように定義された IEEE754 フォーマットには，以下のような特長がある。まず，符号と絶対値法を用いているため，符号ビットにより簡単に正負判定が行える。つぎに，指数部に下駄履きによる符号なし 2 進数表現が用いられているので，二つの浮動小数点数の指数比較が自然数の比較として行え，演算の際に必要な桁合せを高速に行うことができる。三つ目は，仮数部が正規化されていることである。前述のように，暗黙の 1 となる MSB を記録する必要がないため，1 ビット多く有効桁を取ることができる。加えて，正規化された仮数部の上位に指数部を配置することにより，二つの浮動小数点数の絶対値比較を，符号ビットを除いた 2 進数の比較として簡単に行うことができるという利点がある。仮数部が正規化されているため，指数部が大きいほうが大きな絶対値となるのは明らかである。指数部はバイアス値が加算された正の数として仮数部の上位に配置されているため，指数が大きい浮動小数点数の指数部と仮数部は，符号なし 2 進数としても大きな数となる。また，指数部が同じビット列の場合，下位に配置されている仮数部のビット列の 2 進数としての大小関係が，絶対値の大小関係と一致する。このように，式 (1.11) を考慮しなくても，簡単な回路により高速に浮動小数点数の大小比較を実現できるようになっている。

1.3.4　浮動小数点数の加減算

1.3.3 項で述べたように，さまざまな長所をもつ浮動小数点数であるが，演算には固定小数点数などよりも複雑な手順が必要である。加算の手順は①～⑤のとおりである。

① 加算される二つの数のうち，絶対値の小さな数の小数点を大きいほうの数に合わせる。

② 仮数部の加減算を行う。

③ 得られた数を正規化し，オーバーフローとアンダーフローを確認する。

④ 丸めを行い，仮数部を必要な桁数に調整する（この際，桁上げが起こる場合は手順③に戻る）。

⑤ 符号を決める。

図 1.20 に加算の例を示す。この例では，簡単のため，暗黙の 1 を含めて仮数を 9 ビットとしている。0.5 と -0.0621337890625 の二つの数のうち，絶対値が小さいのは指数の小さな後者である。このため，手順①として，後者の指数が -1 となるよう仮数における小数点を上位に 4 桁移動し，小数点の位置合せを行う。つぎに，手順②として仮数部の加減算を行う。手順③では，仮数の加減算結果の正規化を行い，同時に指数を調整する。この例では指数は -1 となるが，これが指数部の表現範囲でありオーバーフローとアンダーフローがないことを確認する。オーバーフローやアンダーフローの際には，無限大，非正規化数，0 などのうち適切なもの

$$
\begin{aligned}
0.5 &= 1.00000000 \times 2^{-1} = 0.5 \\
&= -1.11111101 \times 2^{-5} = -0.0621337890625
\end{aligned}
$$

$$
\begin{aligned}
& 1.00000000 \times 2^{-1} + (-1.11111101 \times 2^{-5}) \\
&= (1.00000000 - 0.000111111101) \times 2^{-1} && \text{：小数点合せ} \\
&= 0.111000000011 \times 2^{-1} && \text{：仮数部の加減算} \\
&= 1.11000000011 \times 2^{-2} && \text{：正規化(オーバーフローおよびアンダーフローなし)} \\
&= 1.11000000 \times 2^{-2} && \text{：丸め} \\
&= 0.4375 && \text{：(正しい答は 0.4378662109375)}
\end{aligned}
$$

図 1.20　加算の例（暗黙の 1 を含め仮数部は 9 ビット）

となるようにする。手順④では，仮数が 9 ビットに収まるよう丸めを行う。丸めの詳細は 1.3.6 項で述べるが，この例では，はみ出した 3 ビットの 011 を切り捨てることにより丸めを行っている。最後に符号を決定する。この例では，異符号の加算でかつ絶対値の大きいほうの数が正のため，答の符号も正となる。

以上の手順により，10 進数で 0.4375 という加算の答を得る。正しい答は 0.4378662109375 であり誤差が生じているが，これは 9 ビットの仮数では正確に表現できないためである。丸めとは，正確には表現できないまでも，与えられた仮数のビット数で表現しうる最も近い値を求める操作である。詳細は 1.3.6 項において述べる。

1.3.5　浮動小数点数の乗算と除算

乗算も加算と同様にいくつかの手順を必要とする。乗算の手順は①～⑤のとおりである。

① 指数部の加算を行う。

② 仮数部の乗算を行う。

③ 得られた数を正規化し，オーバーフローとアンダーフローを確認する。

④ 丸めを行い，仮数部を必要な桁数に調整する（この際，桁上げが起こる場合は手順③に戻る)。

⑤ 符号を決める。

図 1.21 に乗算の例を示す。ここでも，仮数部を暗黙の 1 を含め 9 ビットとしている。まず，指数の -1 と -3 を加算し，-4 としている。つぎに，仮数部に対して固定小数点の乗算を行う。その後，正規化とアンダーフロー，およびオーバーフローの確認を行う。この例では，手順②

$$
\begin{aligned}
-1.10001000 \times 2^{-1} &= -0.765625 \\
1.00100010 \times 2^{-3} &= 0.1416015625
\end{aligned}
$$

$$
\begin{aligned}
& 1.10001000 \times 2^{-1} \times 1.00100010 \times 2^{-3} \\
&= -1.10001000 \times 1.00100010 \times 2^{-4} && \text{：指数部の加算} \\
&= -1.1011110000010000 \times 2^{-4} && \text{：仮数部の乗算(正規化済み)} \\
&= -1.10111100 \times 2^{-4} && \text{：丸め(正と負の乗算のため符号は負)} \\
&= -0.1083984375 && \text{：(正しい答は}-0.1084136962890625\text{)}
\end{aligned}
$$

図 1.21　乗算の例（暗黙の 1 を含め仮数部は 9 ビット）

の結果，正規化済みの値が得られている。仮数部は9ビット以上の桁をもつため，丸めを行い9ビットに収まるようにする。この例でも，不要な桁を切り捨てている。最後に符号決めを行う。正と負の数の乗算であることから符号は負となる。

このように乗算も複雑な手順を必要とするが，演算回路を考えると加算と比べて簡単でかつ高速に行える。これは，加算の小数点位置合せは絶対値比較，指数の引き算，仮数部のシフトと加算が逐次的に必要であるのに対し，乗算の手順①，②は比較やシフトが不要であり，また同時に行うことができるためである。

一方，除算の手順は①～⑤のとおりである。

① 指数部の減算を行う。

② 仮数部の除算を行う。

③ 得られた数を正規化し，オーバーフローとアンダーフローを確認する。

④ 丸めを行い，仮数部を必要な桁数に調整する（この際，桁上げが起こる場合は手順③に戻る）。

⑤ 符号を決める。

乗算と異なるのは，手順①の指数部の減算と，手順②の仮数部の除算である。仮数部の除算は1.1.4項において述べたような整数除算の方法で実現可能であるが，そのままでは，被除数の桁数に比例する時間がかかってしまうことから，減算シフト型や乗算型などのさまざまな除算アルゴリズムや回路構成が提案されている。一般に，浮動小数点数の除算回路は，整数除算のために，加算や乗算回路と比べて回路規模が大きく，かつ演算により長い時間を要する。

1.3.6 丸　　め

浮動小数点数の演算の最後では，必ず**丸め**（rounding）を行っている。これは，正規化後の計算結果が仮数の桁数よりも多くの桁をもつ場合があるためである。丸めとは，計算結果を与えられた桁数に収めることである。例えば，4ビット仮数の乗算の結果1.110110が得られたとする。この計算結果を同じ浮動小数点フォーマットにより精度よく表すには，小数点以下が4桁の数により近似を行う必要がある。この例では，1.1101とする近似表現が考えられる。

近似には異なる方式が考えられる。IEEE754標準規格では，少なくとも以下の4種類の**丸め方式**（rounding direction attribute, rounding mode）を用意するよう規定されている。

① **最近接丸め（偶数）**〔round to nearest（ties to even）〕：最も近い表現可能な値に丸める。最も近い表現可能な値が二つある場合には，LSBが0の値を取る。特に断りがない場合，これを標準として使用するよう規定されている。

② **0方向への丸め**（round toward zero）：表現可能な値のうち，0への方向において最も近い値に丸める。

③ **正の方向への丸め**（round toward positive）：表現可能な値のうち，正の無限大への方

向において最も近い値に丸める。

④　**負の方向への丸め**（round toward negative）：表現可能な値のうち，負の無限大への方向において最も近い値に丸める。

以上に述べた 4 種類の丸め方式を図 **1.22** に示す。

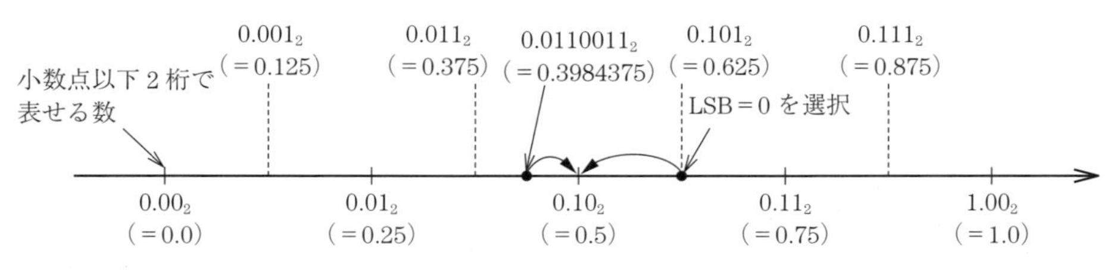

（a）　最近接丸め（偶数）〔round to nearest（ties to even）〕

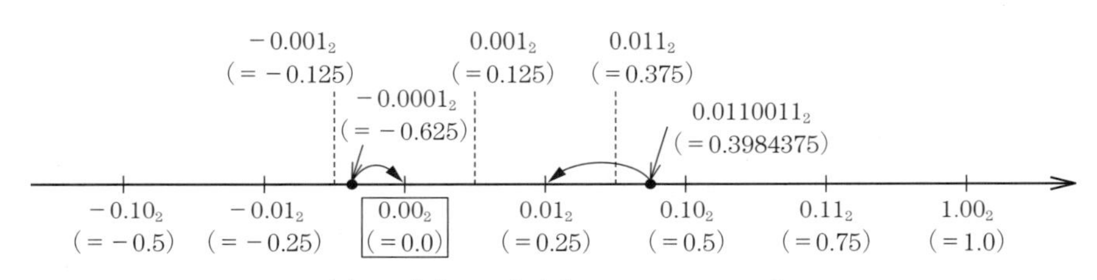

（b）　0 方向への丸め（round toward zero）

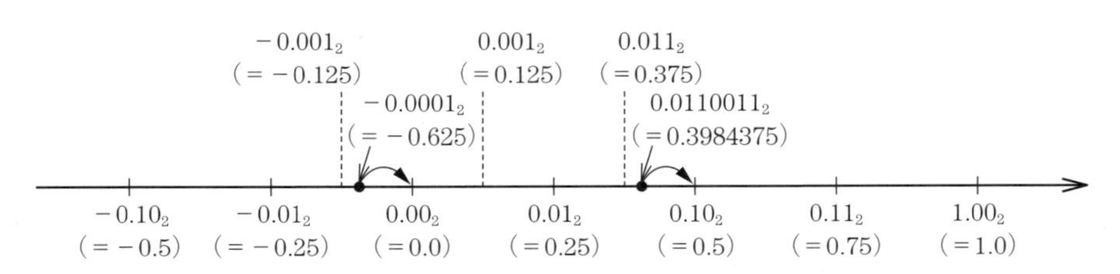

（c）　正の方向への丸め（round toward positive）

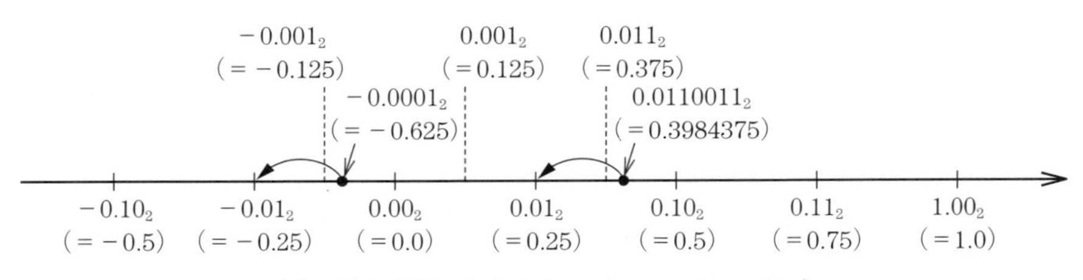

（d）　負の方向への丸め（round toward negative）

図 1.22　IEEE754 における丸め方式の例

図において，小数点以下 2 桁で表せる数は，2^{-2}，すなわち LSB の意味する数の間隔で並んでいる。このような，小数点以下 m 桁の仮数の LSB の表す数値 $2^{-m+(\text{指数})}$ は，浮動小数点数の丸め誤差を評価する際の単位として用いられ，**ulp**（units in the last place）と呼ばれている。

オーバーフローおよびアンダーフローやそのほか無効な計算が行われない限り，どんなにうまく丸めを行ったとしても，IEEE754 フォーマットの浮動小数点数の最大の丸め誤差は 0.5 ulp よりも小さくはならない。このため，図の例においては，最近接丸め（偶数）方式であっても，最大の丸め誤差は $0.0125(= 0.5 \times 2^{-2})$ になりうる。

章 末 問 題

【1】 つぎの正の 2 進数を 10 進数に変えよ。

(a) 10101　　(b) 10100.1011

【2】 つぎの正の 10 進数を 2 進数に変えよ（小数点以下は 16 ビットまでとせよ）。

(a) 1 256　　(b) 122.675　　(c) 245.7

【3】 つぎの 2 の補数表現の 2 進数（8 ビット）を 10 進数に変えよ。

(a) 10011010　　(b) 1（自分の電話番号の下 2 桁を 2 進数にしたものの下位 7 ビット）

【4】 つぎの 10 進数を 2 の補数表現の 2 進数（8 ビット）に変えよ。

(a) -79　　(b) −（電話番号の下 2 桁）

【5】 筆算により，つぎの正の 2 進数の計算をせよ（答は 8 ビットとせよ）。

(a) $10101010 + 10110011$　　(b) 10101010×10110011

【6】 筆算により，つぎの計算を 2 の補数表現の 2 進数（8 ビット）として行え。計算結果について，10 進数への変換を行い正しいことを示せ。

(a) $-97 + 103$　　(b) 3 −（電話番号の下 2 桁）

【7】 **問図 1.1** の IEEE754 単精度浮動小数点の仮数部のみを 5 ビットにしたフォーマットを考える。つぎの 10 進数を上記フォーマットの浮動小数点数に変えよ（0 方向の丸めをせよ）。

(a) 20.1　　(b) 1.1

1 ビット	8 ビット								5 ビット				
s	指数部								仮数部				
31	30	29	28	27	26	25	24	23	22	21	20	19	18

問図 1.1　浮動小数点フォーマット（単精度浮動小数点の仮数部を 5 ビットにしたもの）

【8】 問題【7】の浮動小数点数について，以下を計算せよ（0 方向の丸めをせよ）。ただし，計算の各ステップを示し説明すること。

(a) $a + b$　　(b) $a \times b$

【9】 問題【8】の計算結果は必ずしも正しいものではない。計算結果に誤差が入る原因は何か。問題【7】および問題【8】の解答を参照しながら考察せよ。

2 ブール代数と論理回路

コンピュータは情報を処理する機械である。情報を処理するとは，与えられた情報から必要なものを取り出したり，あるいは与えられた情報を別なものに作り替えることを言う。1章で見たように，コンピュータ内部ではあらゆる情報は2進数，つまり0と1の二つの値の組合せによって表される。本章では，このように0と1だけで表現された情報を処理するために欠かせない数学である**ブール代数**（Boolean algebra）と，その演算を行う電子回路について学ぶ。

2.1 論理値と論理演算

われわれが普段使っている四則演算（加減乗除）を考える。例えば，加算は $5+9=14$，乗算は $8\times3=24$ のように計算される。これらの計算は，対象となる数と，それに対する操作である基本演算の二つの要素からなる。加減乗除という四つの基本演算はどれも，基本演算ごとのルールに従い，与えられた二つの数をもとに一つの値を返す。これと同様にブール代数でも，計算の対象となる数とそれに対する基本演算が定義される。ただし，数と演算がともに四則演算で扱うそれらとは異なる。

ブール代数が対象とする数は，0と1の二つだけである。命題の真偽を判定する論理の世界では，1が**真**（true），0が**偽**（false）をそれぞれ表し，これらは**論理値**（logical value, truth value）と呼ばれる。

一方，基本演算は全部で3種類あり，**論理積**（logical product, **AND**），**論理和**（logical sum, **OR**）と，そして**否定**（negation, **NOT**，論理否定）である。論理積と論理和は，四則演算と同様，二つの値が与えられて一つの値を決める演算であり，否定は一つの値に対して一つの値を定める演算である。三つの基本演算はそれぞれ記号（演算子）で表記され，論理積は「$\cdot$」，論理和は「$+$」で，否定は上線「$\overline{\ }$」を付けることで表される。

論理積と論理和は二つの数の間で演算が定義される。論理積は，二つの数の両方が1の場合にのみ1を答とし，それ以外の場合はつねに0を答とする。二つの数はそれぞれ0と1のいずれかなので，計算はつぎの四つですべてである。

$$0\cdot0=0,\quad 0\cdot1=0,\quad 1\cdot0=0,\quad 1\cdot1=1$$

論理和は，二つの数の両方が 0 の場合にのみ 0 を答とし，それ以外の場合は 1 を答とする。つまり

$$0+0=0,\quad 0+1=1,\quad 1+0=1,\quad 1+1=1$$

である。否定は論理積や論理和とは異なり，一つの数に対する演算で，0 が与えられれば 1 を，1 が与えられれば 0 を答とする。

$$\overline{0}=1,\quad \overline{1}=0$$

以上の三つの演算が，ブール代数の基礎を与える演算である。これらをすべて表にしたものを**表 2.1** に示す。

表 2.1　ブール代数の基本演算

論理積（AND）	論理和（OR）	否定（NOT）
$0\cdot 0=0$	$0+0=0$	$\overline{0}=1$
$0\cdot 1=0$	$0+1=1$	$\overline{1}=0$
$1\cdot 0=0$	$1+0=1$	—
$1\cdot 1=1$	$1+1=1$	—

以上のブール代数の 3 種類の演算でも，普段使っている四則演算同様，演算に優先順位がある。四則演算では，乗除算は加減算に優先される。例えば，$1+2\cdot 3$ の答えは $1+(2\cdot 3)=7$ であって，$(1+2)\cdot 3=9$ ではない。ブール代数の基本演算にも，同様な優先順位があり，**否定，論理積，論理和の順**に優先される。つまり，まず否定を計算し，そのつぎに論理積，そして最後に論理和を計算する。例えば

$$0\cdot 1+\overline{1}=0\cdot 1+0=0+0=0$$

のように計算される。また四則演算同様に，(　) を使用して演算の優先順位を指定することができる。例えば，下記のようになる。

$$1+(0\cdot 1+\overline{1})\cdot 1=1+(0+0)\cdot 1=1+0\cdot 1=1+0=1$$

ブール代数を構成する数と演算の定義は，以上ですべてである。コンピュータの複雑で高度な動作は，たったこれだけの単純な約束事から出発して作り上げられているとも言える。

2.2　論 理 関 数

2.2.1　論理関数とは

初等的な数学では，関数とは例えば $f(x)=x^2+1$ のように，実数変数 x の値を決めると関

数の値 $y = f(x)$ が定まるといったような関係を表現する。ブール代数でも同様に，論理値を変数に取り，論理値を答として返すような関数を考える。これを**論理関数**（logical function）と呼ぶ。

論理関数は 2.1 節で定義したブール代数の基本演算だけを使って定義される。例えば

$$f(A, B) = A + \overline{B}$$

は論理関数の一つの例である。ここで，A，B は論理値 0 か 1 を取る変数であり，**論理変数**（logical variable）と呼ばれる。例えば，$A = 0$ と $B = 0$ とすると

$$f(0, 0) = 0 + \overline{0} = 0 + 1 = 1$$

のように計算の結果，関数の値が決まる。このほかに A, B の値の取り方は $A = 0$，$B = 1$ と $A = 1$，$B = 0$，および $A = 1$，$B = 1$ の 3 通りあり，それぞれに対して関数の値は

$$f(0, 1) = 0 + \overline{1} = 0 + 0 = 0$$

$$f(1, 0) = 1 + \overline{0} = 1 + 1 = 1$$

$$f(1, 1) = 1 + \overline{1} = 1 + 0 = 1$$

のように定まる。

論理関数がもつ変数の数は二つに限らず，自由な数の変数をもちうる。変数が A, B, C の三つあれば $f(A, B, C)$ と書き，$A_1, A_2, \cdots, A_n$ の n 個あれば $f(A_1, A_2, \cdots, A_n)$ と書く。関数の変数を入力，関数が返す値を出力と見て，関数本体を入力された論理値をもとに出力を計算する働きをする箱に見立てると，**図 2.1** のように表せる。

なおこれ以降，論理積の演算子「$\cdot$」をつぎのように省略する場合がある。

$$A \cdot B = AB$$

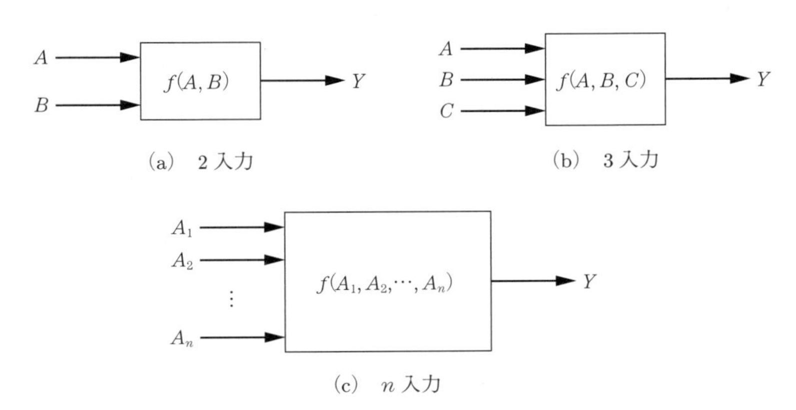

図 2.1　論理関数のイメージ

2.2.2 真理値表

2.2.1 項で考えた $f(A,B) = A + \overline{B}$ のような 2 変数関数では，二つの変数 A, B の論理値の取り方は $2^2 = 4$ 通りある。すべての変数と論理値の組合せと，それぞれの場合に関数が返す値を**表 2.2** のように表として書く。表のように一つの論理関数について，変数が取りうる値を表の左側に網羅し，答として返す論理値をその右側に並べた表を，その論理関数の**真理値表**（truth table）という。

表 2.2　2 変数論理関数 $f(A,B) = A + \overline{B}$ の真理値表

A	B	$f = A + \overline{B}$
0	0	1
0	1	0
1	0	1
1	1	1

真理値表はいつも，その論理関数がもつ変数のすべての論理値の取り方を網羅しており，したがって，表の行数はつねに変数の数によって決まる。つまり，ある論理関数が変数を n 個もてば，それら変数が論理値を取る取り方は全部で 2^n 通りある。2 変数の例では $2^2 = 4$ 通りあるので真理値表は 4 行からなる。3 変数では $2^3 = 8$ 行，4 変数では $2^4 = 16$ 行という具合になる。すべての変数の組合せを網羅するので，真理値表は論理関数が行う計算を過不足なく完全に表現すると言える。

2.2.3 式の変形と公式

このように一つの論理関数は真理値表によって完全に表されるので，論理関数とその真理値表はたがいに 1 対 1 に対応すると言える。つまり，論理関数を定めれば真理値表は唯一に定まるし，逆も正しい。

一つの論理関数は，$f(A,B) = A + \overline{B}$ のように式によっても表現できる。しかし真理値表と異なり，式とそれが表す論理関数とはたがいに 1 対 1 に対応しない。つまり，一つの同じ論理関数に対し，複数の異なる式が存在する（逆に，同じ式が異なる論理関数を表すことはないことに注意する）。

例えば，$f(A,B) = A + \overline{B}$ と $f_1(A,B) = A + \overline{A} \cdot \overline{B}$ は当然ながら別の式である。しかしながら，$f_1(A,B)$ と $f(A,B)$ とは，じつは同じ論理関数を表している。「同じ」とは，変数のあらゆる論理値の取り方に対して，この二つの関数の値はいつも同じであるということである。つまり，この二つの式は同じ真理値表をもつ。実際，$f(A,B)$ と $f_1(A,B)$ の二つの真理値表を作成すると，**表 2.3** のように一致することが確かめられる。

このように，一つの論理関数には一般に異なる式の表現が存在する。ある表現から別の表現に書き換えること，すなわち式の変形は，後に述べる回路の設計において重要な意味をもつ。**表**

表 2.3　式の表現は異なるが同じ論理関数の例

A	B	$f = A + \overline{B}$	$f_1 = A + \overline{A} \cdot \overline{B}$
0	0	1	1
0	1	0	0
1	0	1	1
1	1	1	1

表 2.4　ブール代数の公式

(1a)	$A \cdot A = A$	(1b)	$A + A = A$
(2a)	$A \cdot 1 = A$	(2b)	$A + 0 = A$
(3a)	$A \cdot 0 = 0$	(3b)	$A + 1 = 1$
(4a)	$A \cdot B = B \cdot A$	(4b)	$A + B = B + A$
(5)	$\overline{\overline{A}} = A$		—
(6a)	$A \cdot \overline{A} = \overline{A} \cdot A = 0$	(6b)	$A + \overline{A} = \overline{A} + A = 1$
(7a)	$A \cdot (B + C) = A \cdot B + A \cdot C$	(7b)	$A + B \cdot C = (A + B) \cdot (A + C)$
(8a)	$\overline{A + B} = \overline{A} \cdot \overline{B}$	(8b)	$\overline{A \cdot B} = \overline{A} + \overline{B}$

2.4 に示すいくつかの公式を適用することで，式の変形が可能である。

表の各公式の正しさを，以下で確認する。

まず，(1a) の $A \cdot A = A$ は，A に論理値 0 および 1 を与えたとき，この式の等号が成立することを確認すればよい。つまり $A = 0$ では，$A \cdot A = 0 \cdot 0 = 0$ となり，正しい。また $A = 1$ では，$A \cdot A = 1 \cdot 1 = 1$ となるので，やはり正しい。したがって，(1a) はいつも正しいことが確かめられた。(1b) も同様である。

(2a) の $A \cdot 1 = A$ は，論理積の性質から考えれば正しいことがわかる。つまり，論理積は二つの値がともに 1 のときのみ 1 を返し，それ以外の場合は 0 を返す。$A = 1$ なら $A \cdot 1$ は 1，0 なら 0 となるので，右辺は A そのものに一致するとわかる。

(2b) の $A + 0 = A$ は，同様に論理和の性質を考えればその正しさがわかる。

(3a) の $A \cdot 0 = 0$，(3b) の $A + 1 = 1$ は，上と同様に論理積，論理和それぞれの性質から正しさが理解される。

(4a) の $A \cdot B = B \cdot A$ と (4b) の $A + B = B + A$ は，演算の交換法則であり，変数の順序を入れ替えても結果は変わらないことを述べている。論理積および論理和の定義から明らかである。

(5) の $\overline{\overline{A}} = A$ は，否定を 2 回適用すると，元に戻ることを述べている。$A = 0$ では $\overline{\overline{A}} = \overline{\overline{0}} = \overline{1} = 0$ となり，$A = 1$ では $\overline{\overline{1}} = \overline{0} = 1$ となるので，等号がいつも成立することがわかる。

(6a) の $A \cdot \overline{A} = \overline{A} \cdot A = 0$ は，論理積の性質（二つの値がともに 1 のときのみ 1 を返す）を考えれば正しいことがわかる。つまり，A が 0 であっても 1 であっても，A と $\overline{A}$ のいずれかが必ず 0 であることは自明である。したがって，両者の積を取るとつねに 0 であり，公式の正しさがわかる。

同様に (6b) の $A + \overline{A} = \overline{A} + A = 1$ は，論理和の性質（二つの値のうちいずれか一方に 1 が

あれば1を返す）を考えれば，その正しさがわかる。

(7a) の $A \cdot (B + C) = A \cdot B + A \cdot C$ は，論理積の分配法則である。論理積と論理和を，通常の演算の積と和に置き換えれば自明に見えるが，慎重に両辺の式の真理値表を書いてみると**表 2.5** のようになる。

表 2.5　分配法則の確認

A	B	C	$A \cdot (B + C)$	$A \cdot B + A \cdot C$
0	0	0	0	0
0	0	1	0	0
0	1	0	0	0
0	1	1	0	0
1	0	0	0	0
1	0	1	1	1
1	1	0	1	1
1	1	1	1	1

(7b) の $A + B \cdot C = (A + B) \cdot (A + C)$ は，これまでに確かめた公式を順に適用するとつぎのように証明できる。

$$
\begin{aligned}
(A + B) \cdot (A + C) &= (A + B) \cdot A + (A + B) \cdot C && \text{(7a) を適用} \\
&= A \cdot A + A \cdot B + A \cdot C + B \cdot C && \text{(4a) および (7a) を適用} \\
&= A + A \cdot (B + C) + B \cdot C && \text{(7a) を逆に適用} \\
&= A(1 + B + C) + B \cdot C && \text{(2a) と (7a) を適用} \\
&= A + B \cdot C && \text{(3b) を適用}
\end{aligned}
$$

(8a) の $\overline{A + B} = \overline{A} \cdot \overline{B}$ と (8b) の $\overline{A \cdot B} = \overline{A} + \overline{B}$ は，**ド・モルガンの定理**（De Morgan's theorem）と呼ばれ，式の変形において特に重要である。**表 2.6** にこれが正しいこと示す。

表 2.6　ド・モルガンの定理の確認

A	B	$\overline{A + B}$	$\overline{A} \cdot \overline{B}$	$\overline{A \cdot B}$	$\overline{A} + \overline{B}$
0	0	1	1	1	1
0	1	0	0	1	1
1	0	0	0	1	1
1	1	0	0	0	0

ド・モルガンの定理は「論理和の否定」が「否定の論理積」に，またその反対に「論理積の否定」が「否定の論理和」に変換されると述べている。これは2変数のみならず，n 個の変数に対しても同様のことが成立する。

$$\overline{A_1 + A_2 + \cdots + A_n} = \overline{A_1} \cdot \overline{A_2} \cdots \overline{A_n}$$

$$\overline{A_1 \cdot A_2 \cdots A_n} = \overline{A_1} + \overline{A_2} + \cdots + \overline{A_n}$$

これらは，2変数の場合のド・モルガンの定理を繰り返し適用することでその正しさが証明できる。例えば3変数の場合を考えれば，つぎのように証明できる。

$$\overline{A+B+C} = \overline{(A+B)+C}$$
$$= \overline{A+B} \cdot \overline{C}$$
$$= \overline{A} \cdot \overline{B} \cdot \overline{C}$$

2.2.4 双 対 性

論理式を含む命題（例えば等式）に対し，式の中の論理積を論理和とたがいに書き換え，論理値の0と1（式にあれば）をたがいに書き換える形式的な操作を考える。例えば等式

$$A + 1 = 1$$

は，論理式 $A+1$ と論理式1を含んで記述された命題であり，上述の操作により

$$A \cdot 0 = 0$$

のように書き換えられる。ここで，A は変数なので0と1の書換えの影響は受けないことに注意する。また，書換えを行う際，元の式の演算子の優先順位を入替え後も維持することにする。例えば

$$1 + (0 \cdot 1 + \overline{1}) = 1$$

は

$$0 \cdot ((1 + 0) \cdot \overline{1}) = 0$$

のように書き換える。このとき，この二つの命題が書換え前後で正しいままであることに注意する。つまり2例とも，書換え前は正しい命題であるが，書換え後の命題もやはり正しい。

この2例に限らず，論理式で記述されたどんな命題であっても，それが正しい命題である限り，上述の書換え操作を施して得られる命題はいつも正しい。これはブール代数の基本演算の性質から導かれる定理で，**双対性**（duality）と呼ばれる。

このような双対性がなぜ成り立つのかを説明する。表2.1に示した論理積を定義する四つの式（$0 \cdot 0 = 0, 0 \cdot 1 = 0, 1 \cdot 0 = 0$ および $1 \cdot 1 = 1$）に対し，上述の形式的書換えを機械的に適用すると

$$1 + 1 = 1, \quad 1 + 0 = 1, \quad 0 + 1 = 1, \quad 0 + 0 = 0$$

の四つの式を得るが，この四つの式は論理和の定義にほかならない。同様に，論理和を定義する四つの式（$0+0 = 0, 0+1 = 1, 1+0 = 1$ および $1+1 = 1$）に対し同じ書換えを施すと，今

度は論理積を定義する四つの式が得られる。さらに，否定の定義式，すなわち $\overline{0}=1$ と $\overline{1}=0$ に，この書換えを施すと，$\overline{1}=0$ と $\overline{0}=1$ を得て，つまり同じ否定の二つの定義式を得る。このように，三つの基本演算が上述の書換えに対してその正しさが保存されること，さらにどんな論理式もこれら三つの基本演算を組み合わせたものにすぎないことから，論理式で表されたいかなる命題に対しても，上述の書換え前後でその正しさは保存されることになる。

双対性の便利な使い方として，与えられた正しい命題に対し，上述の形式的な書換えを行って導出される別な命題はつねに正しいので，その正しさを確かめる必要がないということがある。表 2.4 に示したブール代数の公式において，その番号に a と b があるものは，それらがたがいに双対な関係にあることを示している。例えば，(1a) の $A\cdot A=A$ に対し上述の書換えを施したとき，(1b) の $A+A=A$ が得られるということである。a か b のいずれかを証明すれば，残りは双対性を根拠に正しいことは自動的に確かめられる。

2.3　標　準　形

2.3.1　論理関数の設計

何らかの機能や計算に対し，それを実現する論理関数を作ることを考える。例えば三者の多数決を取る論理関数などである。これは 3 変数の論理関数 $f(A,B,C)$ で，A, B, C のうち論理値 1 を取るものの数が過半数，つまり 2 個以上のときに 1 を返し，それ以外のときは 0 を返すようなものである。この論理関数の真理値表は**表 2.7** のようになる。

表 2.7　三者の多数決を取る論理関数の真理値表

A	B	C	$f(A,B,C)$
0	0	0	0
0	0	1	0
0	1	0	0
0	1	1	1
1	0	0	0
1	0	1	1
1	1	0	1
1	1	1	1

2.2 節で述べたように，論理関数は真理値表かあるいは式によって表現される。論理関数を設計するには，まず真理値表を作成し，その後に真理値表をもとに式を作る。真理値表から式を得るうえで基礎となるのが，本節で説明する論理式の標準形である。すでに述べたように一つの論理関数を表す式は複数存在するが，標準形とはその中で基本となる式の形を指す。

2.3.2　最小項と最大項

n 個の変数をもつ論理関数を考える。n 個の変数をすべて一つずつ（そのまま，あるいはその否定の形で）含む論理積のことを，**最小項**（minterm）と呼ぶ。例えば，**表 2.8** に示すように 2 変数の論理関数 $f(A,B)$ の場合，最小項は四つあり，AB, $\overline{A}B$, $A\overline{B}$, $\overline{A}\,\overline{B}$ である。3 変数の関数 $f(A,B,C)$ の場合，最小項は ABC, $AB\overline{C}$, $A\overline{B}C$, $A\overline{B}\,\overline{C}$, $\overline{A}BC$, $\overline{A}B\overline{C}$, $\overline{A}\,\overline{B}C$, $\overline{A}\,\overline{B}\,\overline{C}$ の八つある。一般に n 変数の場合，2^n 個の最小項が存在する。

表 2.8　2 変数と 3 変数の場合の最小項

入力変数	最　小　項
2 変数 (A,B)	$A\cdot B,\ A\cdot\overline{B},\ \overline{A}\cdot B,\ \overline{A}\cdot\overline{B}$
3 変数 (A,B,C)	$A\cdot B\cdot C,\ A\cdot B\cdot\overline{C},\ A\cdot\overline{B}\cdot C,\ A\cdot\overline{B}\cdot\overline{C}$ $\overline{A}\cdot B\cdot C,\ \overline{A}\cdot B\cdot\overline{C},\ \overline{A}\cdot\overline{B}\cdot C,\ \overline{A}\cdot\overline{B}\cdot\overline{C}$

一方，同じく n 個の変数をもつ論理関数において，n 個の変数をすべて一つずつ，そのままあるいは否定の形で含む論理和のことを，**最大項**（maxterm）と呼ぶ。例えば 2 変数の論理関数 $f(A,B)$ の場合，$A+B$, $\overline{A}+B$, $A+\overline{B}$, $\overline{A}+\overline{B}$ の四つが最大項である。3 変数の関数 $f(A,B,C)$ の場合，$A+B+C$, $A+B+\overline{C}$, $A+\overline{B}+C$, $A+\overline{B}+\overline{C}$, $\overline{A}+B+C$, $\overline{A}+B+\overline{C}$, $\overline{A}+\overline{B}+C$, $\overline{A}+\overline{B}+\overline{C}$ の八つが最大項である。最小項同様，一般に n 変数の場合，最大項は 2^n 個ある。

最小項と最大項は，**図 2.2** のような**ベン図**（Venn diagram）を使うとその意味が理解しやすい。論理積 AB は，領域 A と B の積集合の領域を指し，論理和 $A+B$ は，二つの領域の和集合を指すと見なせる。否定は，それが指す領域を除く部分の領域を指す。このように考えると最小項は，**図 2.3** のように積集合によって細分化される最小の領域一つ一つを表すことがわか

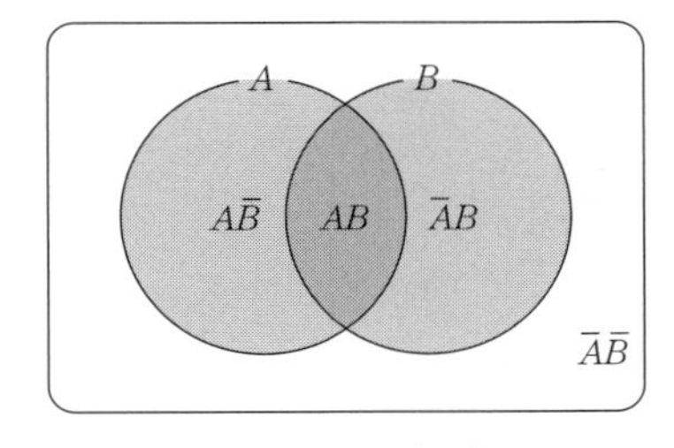

(a)　論理積 (AB)

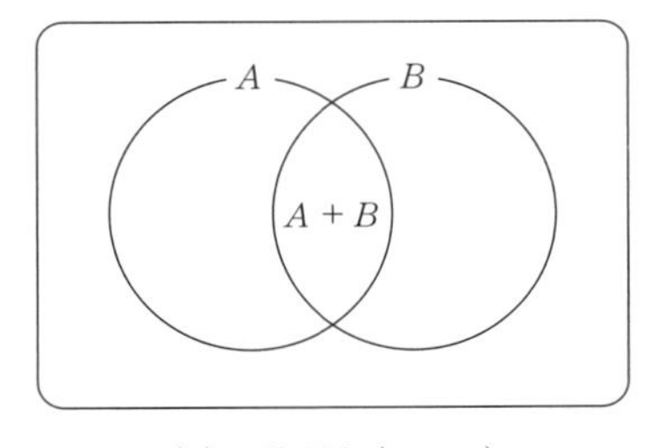

(b)　論理和 $(A+B)$

図 2.2　ベン図による論理演算の解釈

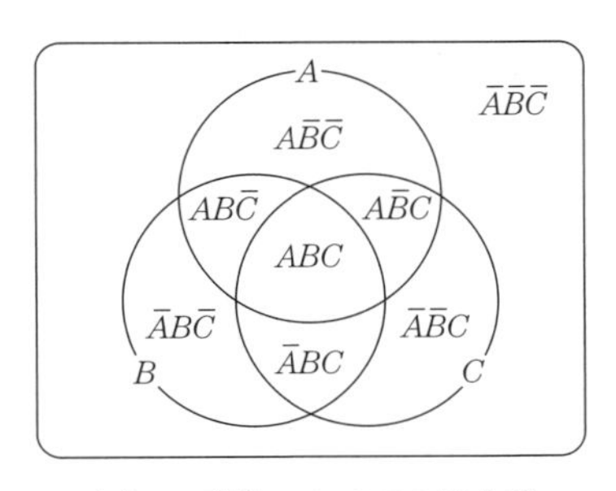

(a)　3 変数のすべての最小項

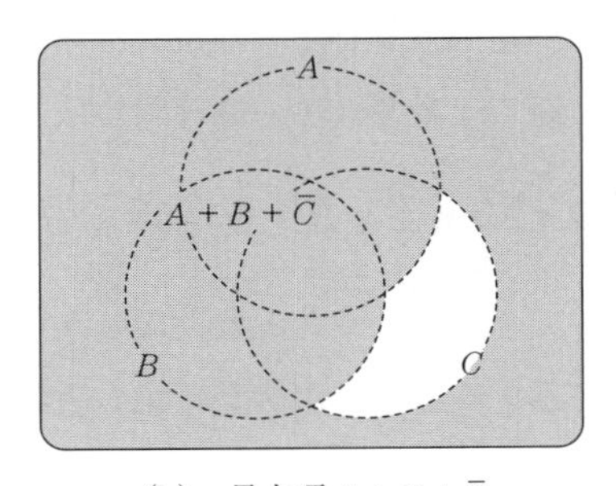

(b)　最大項 $A+B+\overline{C}$

図 2.3　ベン図を使った最小項と最大項の理解

る。一方，最大項は，それと双対の関係にある最小項に対応する最小領域を，全体から除いた領域に対応する。図のように，例えば最大項 $A+B+\overline{C}$ は，最小項 $\overline{A}\,\overline{B}C$ が指す領域を除く全領域を指す。これは，ド・モルガンの定理から $A+B+\overline{C}=\overline{\overline{A}\cdot\overline{B}\cdot C}$ であって，この最大項が最小項 $\overline{A}\cdot\overline{B}\cdot C$ の否定であることを見れば，理解できる。

2.3.3　加法標準形と乗法標準形

一つの論理関数には複数の式の表現があるが，**加法標準形**（disjunctive canonical form, disjunctive normal form）とは，そのような複数の式の表現のうちで，変数の論理積を複数個，論理和でつないだもののことをいう。特に，その論理積が最小項であるとき，それを**主加法標準形**（principal disjunctive canonical form, principal disjunctive normal form）と呼ぶ†。

例えば上で述べた三者多数決の論理関数の場合，その主加法標準形は

$$f(A,B,C)=\overline{A}\cdot B\cdot C+A\cdot\overline{B}\cdot C+A\cdot B\cdot\overline{C}+A\cdot B\cdot C \tag{2.2}$$

で与えられる。3 変数の場合全部で八つの最小項があるが，そのうち四つが式に現れていて，それらが論理和で単純に結ばれている。これが三者多数決の真理値表（表 2.7）と同じ論理関数を与えることは，その真理値表を書けば確かめられる（**表 2.9**）。

表 2.9　式 (2.2) の論理関数の真理値表

A	B	C	$\overline{A}BC$	$A\overline{B}C$	$AB\overline{C}$	ABC	$f(A,B,C)$
0	0	0	0	0	0	0	0
0	0	1	0	0	0	0	0
0	1	0	0	0	0	0	0
0	1	1	1	0	0	0	1
1	0	0	0	0	0	0	0
1	0	1	0	1	0	0	1
1	1	0	0	0	1	0	1
1	1	1	0	0	0	1	1

また，変数の論理和の論理積で表現された式のことを，**乗法標準形**（conjunctive canonical form, conjunctive normal form）と呼ぶ。特に，論理和の部分を最大項としたものを，**主乗法標準形**（principal conjunctive canonical form, principal conjunctive normal form）と呼ぶ。例えば，上と同じ三者多数決の論理関数は

$$f(A,B,C)=(\overline{A}+\overline{B}+\overline{C})\cdot(\overline{A}+\overline{B}+C)\cdot(\overline{A}+B+\overline{C})\cdot(A+\overline{B}+\overline{C}) \tag{2.3}$$

のようになる。全部で八つある最大項のうち四つが選ばれ，それらの論理積で式が表現されていることに注意する。これが確かに元の関数と一致していることの確認は省略する。

† 主加法標準形のことを単に加法標準形と呼ぶ流儀もある。その場合，最小項の和になっていないものは加法標準形とは呼ばず，積和形などと呼ぶ。後述する乗法標準形についても同様である。

2.3.4 真理値表から式への変換

3 変数の場合について，八つあるすべての最小項の真理値表を書けば，**表 2.10** のようになる。一つの最小項は，変数の論理値の組合せただ一つに対してのみ，1 を返し，それ以外の組合せに対してはすべて 0 を返すこと，そして，変数の論理値の取り方すべてに対し最小項が一つずつあることが見て取れる。このことは，図 2.3 のようにベン図で表すと，最小項は領域の最小の積集合に相当することと対応している。

表 2.10　3 変数の場合の各最小項の真理値表

A	B	C	$\overline{A}\,\overline{B}\,\overline{C}$	$\overline{A}\,\overline{B}C$	$\overline{A}B\overline{C}$	$\overline{A}BC$	$A\overline{B}\,\overline{C}$	$A\overline{B}C$	$AB\overline{C}$	ABC
0	0	0	1	0	0	0	0	0	0	0
0	0	1	0	1	0	0	0	0	0	0
0	1	0	0	0	1	0	0	0	0	0
0	1	1	0	0	0	1	0	0	0	0
1	0	0	0	0	0	0	1	0	0	0
1	0	1	0	0	0	0	0	1	0	0
1	1	0	0	0	0	0	0	0	1	0
1	1	1	0	0	0	0	0	0	0	1

このような最小項の性質を使えば，ある論理関数の真理値表が与えられたとき，その主加法標準形の論理式を機械的に作ることができる。その方法は，手順①～③のようになる。

① 真理値表のうち，関数が返す値が 1 となる変数の論理値の組合せに注目し，それらを抜き出す。

② 抜き出した論理値の組合せに対応する最小項を求める。

③ 求めた最小項を単純に論理和でつないで論理式を作る。

以上の手順で真理値表から作られる論理式は，その真理値表と 1 対 1 に対応する論理関数に対する，主加法標準形になる。

具体的に，三者多数決の論理関数の真理値表（表 2.7）から主加法標準形の式を得る様子を**図 2.4** に示す。真理値表を見ると，論理関数が 1 を返すのは，変数に対する論理値の組合せが

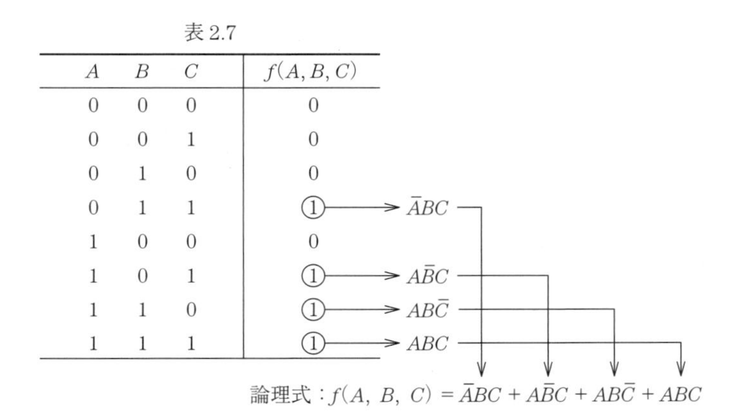

表 2.7

A	B	C	$f(A, B, C)$
0	0	0	0
0	0	1	0
0	1	0	0
0	1	1	1
1	0	0	0
1	0	1	1
1	1	0	1
1	1	1	1

図 2.4　表 2.7 の真理値表から論理式を得る過程

$(A,B,C)=(0,1,1),(1,0,1),(1,1,0),(1,1,1)$ となる四つの場合であるとわかる（手順①）。この四つの組合せにそれぞれ対応する最小項は，表2.10から，$\overline{A}BC$, $A\overline{B}C$, $AB\overline{C}$, ABC である（手順②）。そしてこれら四つの最小項を論理和でつないだ式

$$f(A,B,C)=\overline{A}BC+A\overline{B}C+AB\overline{C}+ABC$$

が求める論理式，すなわち三者多数決の論理関数の主加法標準形である（手順③）。ここでは3変数の論理関数を例に考えたが，入力変数が n 個の場合にもこの手順はそのまま一般化できる。

なお，真理値表から主乗法標準形を得ることも同じように機械的にできるが，ここでは省略する。

2.4 論　理　回　路

2.4.1 論理演算を行う電子回路

論理演算を行う電子回路を**論理回路**（logical circuit）と呼ぶ。ブール代数は論理値に対する三つの基本演算によって定義されるが，この基本構造が電子回路ではつぎのように置き換えられる。まず論理値は多くの場合，電圧の高低によって表現される。電圧の高い状態が1，低い状態が0である。基本演算である三つの演算すなわち論理積（AND），論理和（OR），否定（NOT）のそれぞれに，電子回路では**ゲート**（gate）と呼ばれる3種類の小さな回路が対応する。

あるゲートの出力を，他の任意の種類のゲートの入力につなぐように回路の配線を行うことができる。例えば，$f(A,B,C)=AB+\overline{C}$ という論理式は，A と B を入力に取るANDゲートの出力と，C を入力に取るNOTゲートの出力の二つを入力とするORゲートの出力として実現される。このように，三つのゲートを多数使って，これらの間を配線することでどんな複雑な論理回路も実現できる。

ゲート回路は，それぞれ複数の**トランジスタ**（transistor）によって構成できる。トランジスタは電気信号の増幅またはスイッチングを行う半導体素子である。現在では，単一の半導体の板（**チップ**，chip）の上に多数のトランジスタと配線を形成した**集積回路**（規模に応じてintegrated circuit (IC), large scale integration (LSI), very large scale integration (VLSI) などと称する）として大規模な論理回路を実現するのが一般的である。

2.4.2 回　路　記　号

このように，どんな論理演算も回路として実現できる。ゲートの作り方はいつも同じなので，どのように配線するかが重要である。この配線を図として表記する方法がある（**MIL記号**，MIL logic symbol）。これについて説明する。

まず，三つのゲート，ANDゲート，ORゲート，NOTゲートを**図2.5**のような記号で表す。

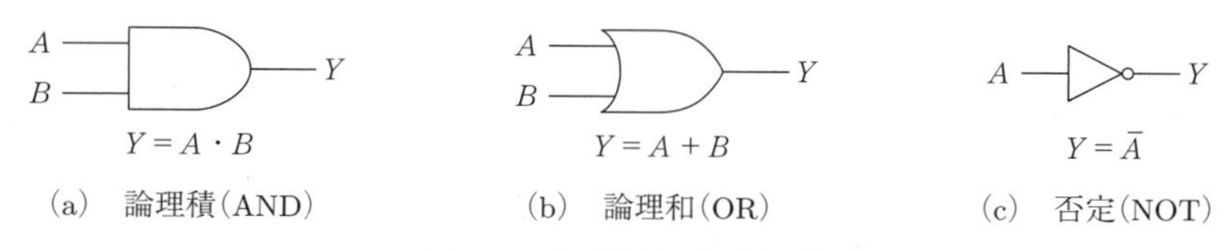

(a) 論理積(AND)　(b) 論理和(OR)　(c) 否定(NOT)

図 2.5 基本演算の回路記号

この記号を使うと，例えば，論理関数 $f(A, B) = A + \overline{B}$ は**図 2.6** に示す回路図として表現される。関数に入力する変数がそのまま回路への入力となり，関数の返す論理値が回路の出力となる。回路上を，論理値が信号となって入力側から出力側に伝搬する。入力が上流，出力が下流となって信号は流れるが，その流れの向きは上流から下流へつねに一定であることに注意する。

複数個の入力をもつ論理積，論理和に対応する AND ゲート，OR ゲートは**図 2.7** のように書く。4 入力以上の場合も同様である。

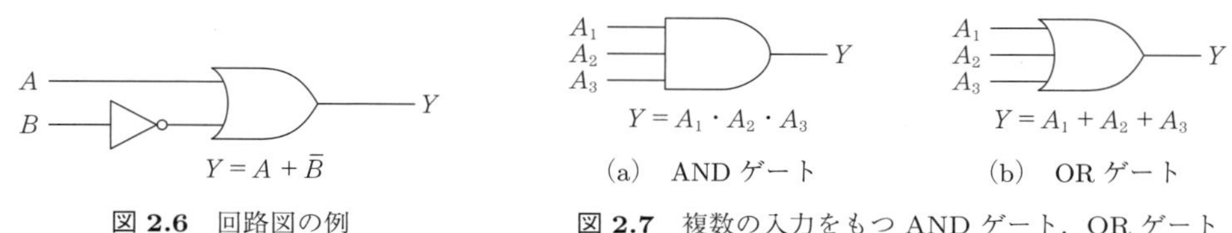

(a) AND ゲート　(b) OR ゲート

図 2.6 回路図の例

図 2.7 複数の入力をもつ AND ゲート，OR ゲート

NOT ゲートが AND ゲートや OR ゲートの入力や出力に直接接続される場合，**図 2.8** のように表記を省略できる。つまり，NOT ゲート記号の三角形の部分を省略し，先頭の ○ の部分を AND ゲートや OR ゲートの入出力部分に接触するように書く。

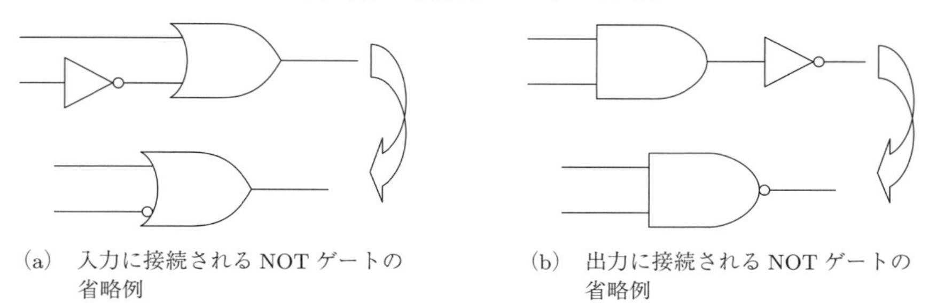

(a) 入力に接続される NOT ゲートの省略例　(b) 出力に接続される NOT ゲートの省略例

図 2.8 NOT ゲートの省略表記

二つの配線が交差する場合には注意を要する。二つの配線が接続されていない（信号が共有されない，絶縁状態にある）場合には，**図 2.9**(a) のように配線の交差点には何も記さない。配線が接続されている（信号が共有される）場合には，それを明示するために配線の交差点に小さな黒い ● を書く決まりになっている。

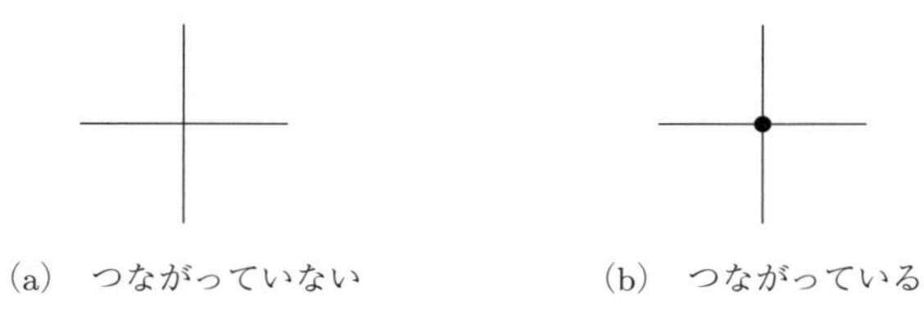

(a) つながっていない　(b) つながっている

図 2.9 二つの配線の交差点と接続関係

2.4.3　論理関数と論理回路

つぎの四つの論理式を論理回路に直したとき，その回路図は以上の表記法に従って**図 2.10**(a)～(d) のように書ける。それぞれの論理式 (a)～(d) と，対応する回路図 (a)～(d) の間で，論理積（AND），論理和（OR），否定（NOT）が忠実に対応することに注意する。

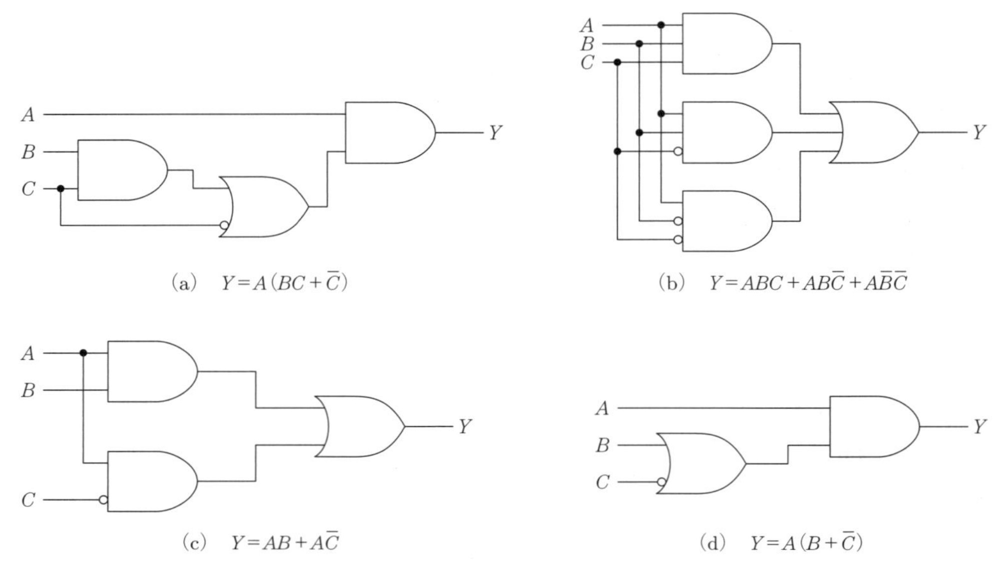

(a)　$Y = A(BC + \overline{C})$　　(b)　$Y = ABC + AB\overline{C} + A\overline{B}\overline{C}$

(c)　$Y = AB + A\overline{C}$　　(d)　$Y = A(B + \overline{C})$

図 2.10　いろいろな論理回路の例

$$Y = A(BC + \overline{C}) \qquad \text{図 (a)}$$
$$Y = ABC + AB\overline{C} + A\overline{B}\,\overline{C} \qquad \text{図 (b)}$$
$$Y = AB + A\overline{C} \qquad \text{図 (c)}$$
$$Y = A(B + \overline{C}) \qquad \text{図 (d)}$$

ところで，上の論理式 (a)～(d) は，じつはすべて同じ論理関数 $Y = f(A, B, C)$ であり（真理値表が一致する），これら四つの式は一つの論理関数の異なる表現になっている。上で見たように論理回路は，そのもととなる論理式からほぼ自動的に書くことができ，そこにはほぼ 1 対 1 の対応関係があるから，一つの論理関数を具体化した論理回路もまた図のように複数存在することになる。したがって，論理回路を設計する際は，いろいろな可能性のある中から都合のよいものを選ぶこと（多くの場合，なるべく単純な構造の回路を選ぶこと）が求められる。3 章で，この選択をどのように行うかを説明する。

2.5 よく使われる演算子

2.5.1 完 備 性

本章の冒頭に述べたように，ブール代数の基本演算には論理積，論理和，および否定の三つがあり，あらゆる論理関数は，この三つの演算の組合せで表現される。しかし，例えば論理和は，表 2.4 の式 (8b) に示したド・モルガンの定理を使うと

$$A + B = \overline{\overline{A} \cdot \overline{B}} \tag{2.4}$$

のように，論理積一つと否定三つの組合せによって表現できる。このことは，三つの基本演算を用いなくても，論理積と否定の二つの演算子があれば，あらゆる論理関数が表現できることを示している。

このように，ある演算子の集合（上の例では論理積と否定の二つ）があって，そこに含まれる演算子を組み合わせることであらゆる論理関数を表すことができる場合，その集合のことを**完備**（完全，**万能**，functionally complete, universal）であるという。論理積と否定の組は，完備な演算子の集合の一例であって，同様に論理和と否定の組も完備である。

2.5.2 否定論理積（NAND）と否定論理和（NOR）

たった一つの演算子（の集合）でありながら，このような完備性をもつものがある。**否定論理積（NAND）**，**否定論理和（NOR）**，およびこれらの双対の計四つの演算子がこれにあたる。否定論理積とは，論理積の出力を否定する関数で，否定論理和は論理和の出力を否定するものである。ここでは，否定論理積を $Y = A \uparrow B$，否定論理和を $Y = A \downarrow B$ という記号で表記する。それぞれの真理値表を**表 2.11** に，回路記号を**図 2.11** に示す。

表 2.11 否定論理積および否定論理和の真理値表

(a) 否定論理積 (NAND)	(b) 否定論理和 (NOR)
$0 \uparrow 0 = 0$	$0 \downarrow 0 = 0$
$0 \uparrow 1 = 0$	$0 \downarrow 1 = 1$
$1 \uparrow 0 = 0$	$1 \downarrow 0 = 1$
$1 \uparrow 1 = 1$	$1 \downarrow 1 = 1$

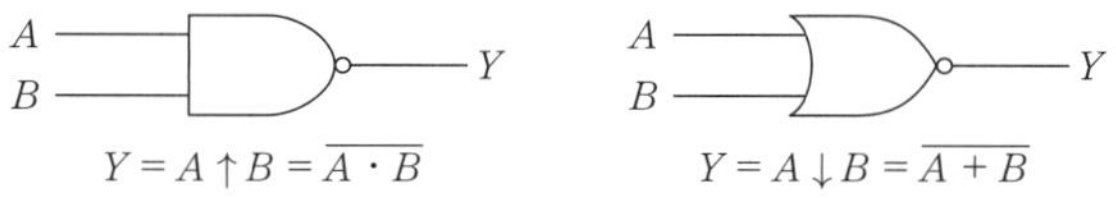

(a) 否定論理積(NAND)　(b) 否定論理和(NOR)

図 2.11 NAND および NOR の回路記号

否定論理積（NAND）の完備性は，論理積，論理和，否定がそれぞれ

$$A \cdot B = (A \uparrow B) \uparrow (A \uparrow B)$$

$$A + B = (A \uparrow A) \uparrow (B \uparrow B)$$

$$\overline{A} = A \uparrow A$$

のように，否定論理積を複数個使うことで表現できることから確かめられる。同様に否定論理和（NOR）の完備性は，論理積，論理和，否定がそれぞれ

$$A \cdot B = (A \downarrow A) \downarrow (B \downarrow B)$$

$$A + B = (A \downarrow B) \downarrow (A \downarrow B)$$

$$\overline{A} = A \downarrow A$$

のように表現できることからわかる。

NAND および NOR の完備性，すなわち NAND と NOR のいずれか一つあれば，あらゆる論理関数をその組合せで表現できることは，論理関数を回路として実現する際に非常に都合がよい。なぜなら，半導体のチップ上に，これらの演算を実現した NAND ゲートあるいは NOR ゲートのいずれかを多数並べて作っておけば，あとはそれらの配線を変えるだけですべての論理回路を実現できるからである。

2.5.3 排他的論理和

このほか，実用上よく使われる演算子に**排他的論理和**（exclusive OR）がある。4 章で説明する加算器での使用が一例である。排他的論理和は **XOR** などと表記され，ここでは $Y = A \oplus B$ のように表記する。真理値表を**表 2.12** に，回路記号を**図 2.12** に示す。

表 2.12 排他的論理和の真理値表

排他的論理和（XOR）
$0 \oplus 0 = 0$
$0 \oplus 1 = 1$
$1 \oplus 0 = 1$
$1 \oplus 1 = 0$

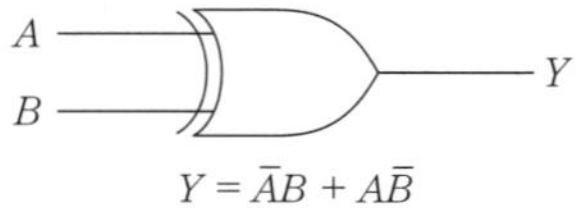

$Y = \overline{A}B + A\overline{B}$

図 2.12 XOR の回路記号

章 末 問 題

【1】 2.4.3 項で述べたようにつぎの等式は正しい。これを見るために，左右両辺の真理値表をそれぞれ作成し，たがいに一致することを確認せよ。

$$A(BC + \overline{C}) = A(B + \overline{C}) \tag{2.5}$$

【2】 式 (2.5) が正しいことを式の変形によって証明せよ。表 2.4 の公式から必要なものを選び，順番に適用すること。

【3】 式 (2.5) の両辺の論理式の双対をそれぞれ求め，それらが等しいことを真理値表を用いて確認せよ。

【4】 式 (2.5) の主加法標準形を求めよ。

【5】 3 変数の論理関数で，1 を取る変数の数が偶数なら 1 を，そうでないなら 0 を返すようなものを考え，その真理値表を書け。またこの論理関数の主加法標準形を求めよ。

【6】 論理式 $A+B\overline{C}$ を，否定論理積（NAND）のみで表せ。

3 組 合 せ 回 路

組合せ回路（combinational logic）とは，ある機能を実現する論理回路のうち，特に現在の入力のみから回路の出力が決まるものを言う。この入出力の関係が，組合せ回路と 4 章以降で説明する順序回路との違いである。本章では，組合せ回路の設計方法と，コンピュータ内部で使用されるいくつかの基本的な回路を示す。

3.1 論理式の簡単化

組合せ回路は，一つの論理関数を回路として実現したものである。組合せ回路を設計するには

① 実現したい機能を論理関数として表現し

② その論理関数を具体化した回路を作る

という手順を踏む。手順 ① では，そのような論理関数に対応する真理値表を作成する。手順 ② では，作成した真理値表をもとに論理関数を式で表現し，これをもとに回路を作成する。そのとき，2.3.4 項で説明した方法を使えば，簡単に真理値表から論理関数の主加法標準形の式が得られ，それをもとに一つの回路を作成することができる。

しかしながら 2 章で述べたように，一つの論理関数を表す式の表現は複数存在し，それと同じ数だけの異なる回路がある。これらの回路はどれも同じ計算を実行し，したがって，どの回路を選んでも目的の機能は実現できるものの，その中には好ましい回路とそうでないものがある。一般的に言って，回路はなるべく簡単なものであるほうがよい。なぜならば，最終的に回路がハードウェアとして実現されるとき，その製造コストをなるべく小さくし，さらには回路の動作速度をなるべく高めることが可能となるからである。回路が簡単であるとは（その厳密な定義は難しいものの），直感的には，回路全体で使用される論理ゲートの数が少ないことを指す†。

さて，上述のように真理値表さえ作成できれば主加法標準形の式はたやすく得られるが，その式から作成した回路は一般に複雑である。例えば式 (3.1) は，ある 3 変数論理関数の式の主加法標準形である。

$$f(A,B,C) = ABCD + A\overline{B}CD + \overline{A}BCD + \overline{A}\,\overline{B}CD \tag{3.1}$$

† そのほか，回路全体で使用する論理ゲートの数を少なくするかわりに，入力から出力に至るまでに経由する論理ゲートの数を少なくしたい場合もある。

後述するように，式 (3.1) の論理関数はもっと簡単な式 (3.2) のように表現できる。

$$f(A,B,C) = CD \tag{3.2}$$

式 (3.1) から作成した回路よりも，式 (3.2) から作成した回路のほうが明らかに簡単である。本節では，目標とする与えられた機能を，なるべく簡単な回路で実現するための組合せ回路の設計方法を示す。

論理式とそれを回路化したものはほぼ 1 対 1 に対応するので，より簡単な式を得ることが，より簡単な回路を作成することに直結する。その一つの方法は，2.2.3 項で説明した公式を使い，論理式を代数的に変形する方法である。例えば，式 (3.1) は分配法則，および公式 $A + \overline{A} = 1$ を使うことで，式 (3.3) のように単純化できる。

$$\begin{aligned}
f(A,B,C) &= ABCD + A\overline{B}CD + \overline{A}BCD + \overline{A}\,\overline{B}CD \\
&= (A+\overline{A})BCD + (A+\overline{A})\overline{B}CD \\
&= BCD + \overline{B}CD \\
&= (B+\overline{B})CD \\
&= CD
\end{aligned} \tag{3.3}$$

他の例を式 (3.4) に示す。

$$\begin{aligned}
f(A,B,C) &= \overline{\overline{A}+\overline{B}}C + AB\overline{C} \\
&= \overline{\overline{A}} \cdot \overline{\overline{B}} \cdot C + AB\overline{C} \\
&= ABC + AB\overline{C} \\
&= AB(C+\overline{C}) \\
&= AB
\end{aligned} \tag{3.4}$$

ここでは，ド・モルガンの定理 $\overline{\overline{A}+\overline{B}} = A \cdot B$ を使った。

このように，公式を何度か適用することで論理式を簡単なものへと変換できるが，それには思い付きや着想が必要であり，作業は式が複雑になるほど難しい。論理式を簡単にするより効率のよい方法が，3.2 節で述べるカルノー図を使う方法である。

3.2 カルノー図を使う方法

3.2.1 カ ル ノ ー 図

カルノー図（Karnaugh map）とは，最小項に対応する**ます目**（セル，cell）を，ある決まっ

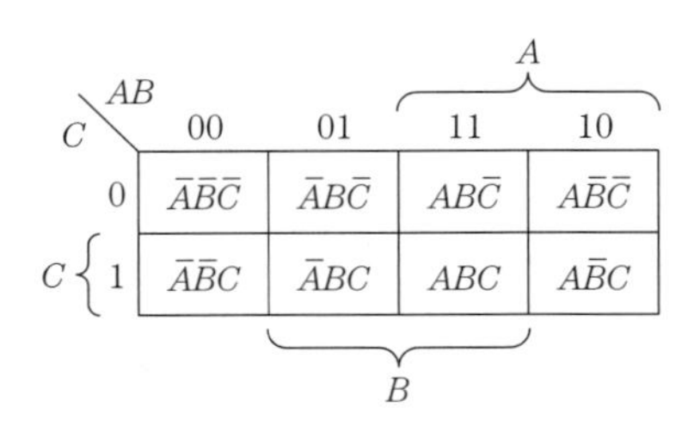

図 3.1　3 変数論理関数に対応したカルノー図

た方法で並べた表である。**図 3.1** に 3 変数論理関数に対応したカルノー図を示す。表の各ます目にはそれぞれ異なる最小項が書かれているが，その配置は，図中の A, B, C が付された記号 { に従って行われていることに注意する。カルノー図では，普通 { の記号のかわりに，表上部の AB の 2 ビットに対応する 00, 01, 11, 10，および左側面の C の 1 ビットに対応する 0 と 1 を記すことで，最小項の配置を表現する。このように最小項を配置することで，つねに隣り合う二つのます目の最小項は，たがいにただ一つの変数のみを反転（たがいの変数の否定）したものになる。後述のように，この特徴によって，与えられた論理式のより簡単な表現を視覚的に発見しやすくなる。2 変数および 4 変数の場合のカルノー図を**図 3.2** に示す。

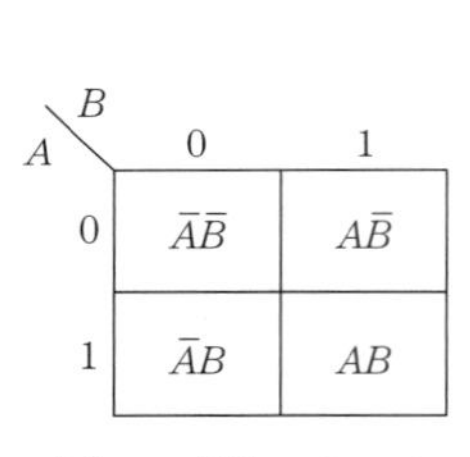

(a)　2 変数のカルノー図

AB \ CD	00	01	11	10
00	$\bar{A}\bar{B}\bar{C}\bar{D}$	$\bar{A}\bar{B}\bar{C}D$	$\bar{A}\bar{B}CD$	$\bar{A}\bar{B}C\bar{D}$
01	$\bar{A}B\bar{C}\bar{D}$	$\bar{A}B\bar{C}D$	$\bar{A}BCD$	$\bar{A}BC\bar{D}$
11	$AB\bar{C}\bar{D}$	$AB\bar{C}D$	$ABCD$	$ABC\bar{D}$
10	$A\bar{B}\bar{C}\bar{D}$	$A\bar{B}\bar{C}D$	$A\bar{B}CD$	$A\bar{B}C\bar{D}$

(b)　4 変数のカルノー図

図 3.2　2 変数および 4 変数の場合のカルノー図

カルノー図のます目にはすべての最小項が存在するので，論理関数の真理値表は，そのままカルノー図の上でも表現できる。このとき，関数値が 1 となる最小項のます目にのみ 1 を書き，0 の最小項のます目は何も書かずに空けておく。**図 3.3** に真理値表とカルノー図の対応例を示す。

真理値表

A	B	C	Y	
0	0	0	0	
0	0	1	1	⟶ $\bar{A}\bar{B}C$
0	1	0	1	⟶ $\bar{A}B\bar{C}$
0	1	1	0	
1	0	0	1	⟶ $A\bar{B}\bar{C}$
1	0	1	1	⟶ $A\bar{B}C$
1	1	0	1	⟶ $AB\bar{C}$
1	1	1	1	⟶ ABC

C \ AB	00	01	11	10
0		1	1	1
1	1		1	1

カルノー図

図 3.3　真理値表とカルノー図の対応例

3.2.2　論理積の項と隣接するます目の関係

カルノー図では，3.2.1 項に述べた上記のようなやり方で最小項をそれぞれのます目に配置させているので，任意の論理積の項は，表の中で隣接する複数のます目の集合に対応する。論理積の項とは，3 変数の場合，A，$\overline{C}$，$\overline{B}C$ や $A\overline{C}$ などのことである。3 変数の場合の論理積の項に対応するます目の集合の例を**図 3.4** に示す。

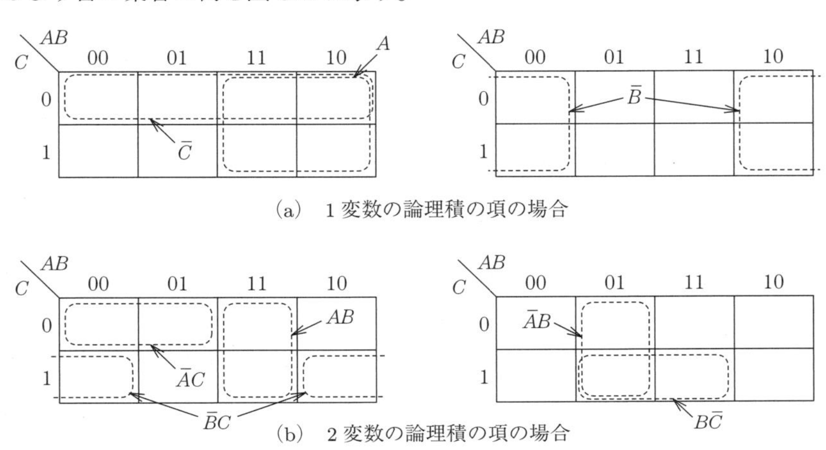

図 3.4　論理積の項に対応するます目の集合の例

3 変数の場合，1 変数の項は 6 個あり（3 変数とその否定の計 6 個），そのそれぞれは四つの隣接するます目の集合に対応する。2 変数の論理積の項は 12 個あり，それぞれ，二つの隣接するます目に対応する。ただし，変数 B の否定 $\overline{B}$ を含む項に対応するます目の集合を考えるとき，ます目の隣接関係は表の左右反対側を経由して考える必要がある。これは，**図 3.5** に示すような方法で表を円筒にしたとき，もともと左右の最も遠いところにあるます目どうしが隣接することになるが，この隣接関係であると考えればよい。3 変数の項は最小項であり，もちろん個々のます目 8 個に対応する。

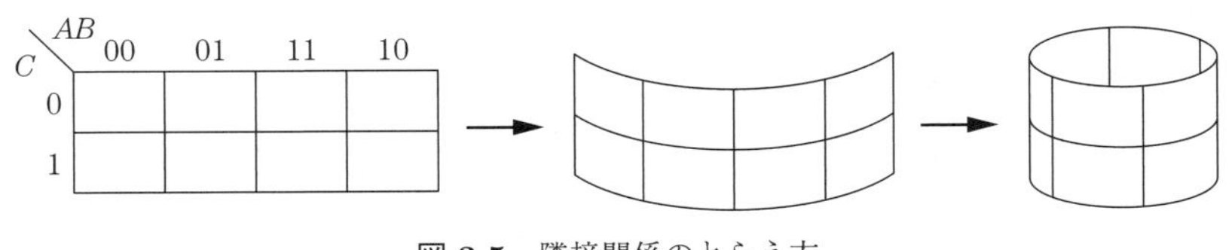

図 3.5　隣接関係のとらえ方

3.2.3　論理式の簡単化

3.2.2 項で述べたように，変数の論理積の項に対応するます目の集合をカルノー図上で選び出すことで，簡単な論理式を得ることができる。具体的には，真理値表に対応するカルノー図を作成した後，ます目，あるいは，前述のような隣接するます目の集合のうち，内部のます目すべてに 1 が記されているようなものを考える。それらをできるだけ少ない数だけ用いて，1 と記されたすべてのます目を覆うことを考える。すべてを覆える組合せが複数ある場合は，その中でなるべく大きなものを探して選ぶ。この際，異なる集合が同じます目を重複して含んでもよい。

図 3.6 に論理式の簡単化の例を示す。この例では，ます目の集合三つで覆うことができ，それぞれ A，$B\overline{C}$，$\overline{B}C$ の三つの項に対応する。これに基づいて，この論理関数は式 (3.5) で表せる。

$$A + B\overline{C} + \overline{B}C \tag{3.5}$$

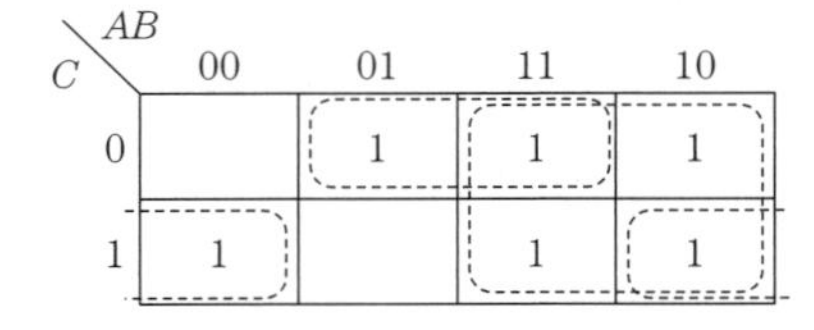

1 と記されたます目のみを内部に含む集合のうち，なるべく大きなものを探す。

図 3.6　論理式の簡単化

1 と記されたます目のみがすべて覆われていることにより，得られた論理式は，与えられた真理値表と同じ論理関数を表す。できるだけ少ない数のます目集合を用いることにより，できるだけ項数の少ない論理式が得られ，その中でできるだけ大きなます目集合を選ぶことにより，できるだけ変数の数の少ない論理式が得られる。

式 (3.3) や式 (3.4) の式変形による簡単化では，公式 $A + \overline{A} = 1$ を用いて変数を減らしていくことがポイントとなっていた。この操作は，カルノー図上で隣接するます目集合を併合して，より大きな，より少ないます目集合にすることに相当する。

3.2.4　ドントケア項のある場合

実現すべき機能によっては，論理関数の変数が取る論理値の組合せすべてを考えなくてもよい場合がある。例えば，3 変数関数 $f(A, B, C)$ に対し，$(A, B, C) = (0, 1, 1)$ や $(1, 0, 1)$ といった特定の入力の組合せが生じえないときや，その場合の出力が使用されないときである。そのような想定されない入力の組合せによる項のことを，**ドントケア項**（don't care term，**組合せ禁止項**，**冗長項**）と呼ぶ。真理値表の上では，ドントケア項に対する関数の値は定義されない（する必要がない）†。

ドントケア項を有効利用することで，よりいっそうの簡単化が可能になる場合がある。ドントケア項は，入力として想定されないため関数の値も定義されないが，逆に言えば，ドントケア項に対する関数の値は恣意的に設定してもよいことになる。そうすることで，最終的な論理式がより簡単になるように選ぶのがよい。

† このような場合，論理関数は完全には定まっておらず，厳密を期すときには不完全記述論理関数，部分定義論理関数などと呼ばれる。以下，これらも含めて論理関数と呼ぶ。

図 3.7 を使って説明する。真理値表の関数の値が「×」と表記されている論理値の組合せがドントケア項で，$(A,B,C)=(0,0,0)$ および $(0,1,1)$ の二つある。図の右側には真理値表に対応するカルノー図を示す。もしこれら二つのドントケア項に対する関数の値が 0 であったときには，最も簡単な論理式は $f(A,B,C)=AC+\overline{B}C=(A+\overline{B})C$ である。しかし，ドントケア項のうち，$\overline{A}BC$ のます目に 1 を設定すると，図に示すように，項 C に対応するます目の集合を選択することができ，すなわち，この論理関数は $f(A,B,C)=C$ のように簡単に表せる。

真理値表

A	B	C	f
0	0	0	×
0	0	1	1
0	1	0	0
0	1	1	×
1	0	0	0
1	0	1	1
1	1	0	0
1	1	1	1

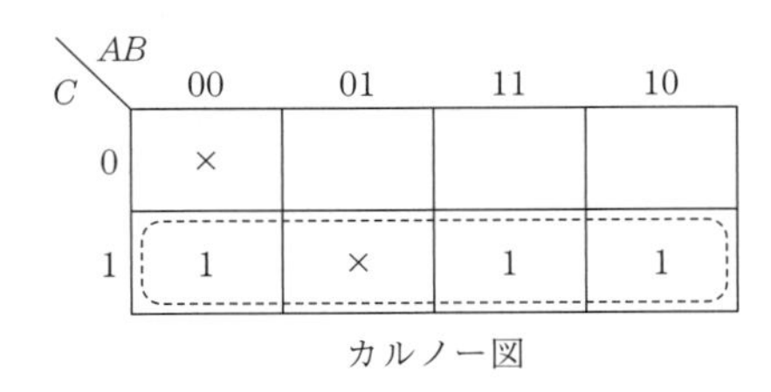

図 3.7　ドントケア項を含む場合の真理値表とカルノー図の例

3.3　設計の具体例

以下の例題を考える。

例題 3.1　(3 入力多数決)　三つの回路の論理値が入力されるとき，多数決の結果を返す，すなわち多いほうの論理値を出力する回路を作れ。

【解答】　三つの入力を変数 A,B,C で表したとき，題意の機能を実現する論理関数 $f(A,B,C)$ を考える。**図 3.8** に，3 入力多数決回路の真理値表とカルノー図を示す。カルノー図からただちに，この論理関数を表すつぎの式が得られる。

真理値表

A	B	C	f
0	0	0	0
0	0	1	0
0	1	0	0
0	1	1	1
1	0	0	0
1	0	1	1
1	1	0	1
1	1	1	1

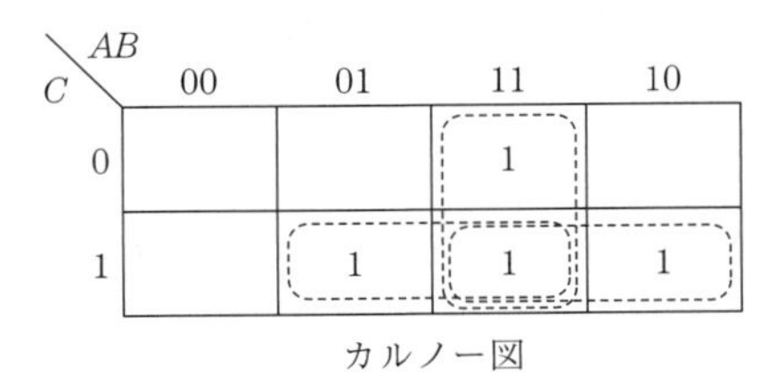

図 3.8　3 入力多数決回路の真理値表とカルノー図

$$f(A, B, C) = AB + AC + BC$$

この式を回路化すると，**図 3.9** に示す 3 入力多数決回路を得る。

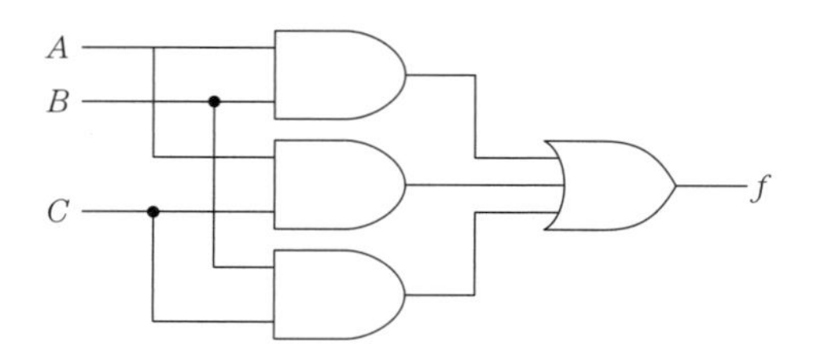

図 3.9　3 入力多数決回路

例題 3.2　(じゃんけんの勝敗)　二人でじゃんけんをしたとき，どちらが勝ったかを示す回路を作れ。

【解答】　まず，二人が出したじゃんけんの手を 2 進数の符号で表現する。じゃんけんはグー，チョキ，パーの三つあるから，これらを表現する符号は 2 ビット以上必要である。ここではグーを「00」，チョキを「01」，パーを「11」と表現することにする。この割り当て方はまったく任意であり，符号とじゃんけんの三つの手が 1 対 1 に対応する限り，他のものを使ってもよい。

二人をおのおの A さん，B さんと呼ぶことにし，上で決めたじゃんけんの手の符号に対応して，A さんの手を二つの変数 A_1 と A_2，B さんの手を B_1 と B_2 で表す。例えば，A さんがグー (符号「00」) を出せば $(A_1, A_2) = (0, 0)$ であり，パー (符号「11」) を出せば $(A_1, A_2) = (1, 1)$，B さんがチョキ (符号「01」) を出せば $(B_1, B_2) = (0, 1)$ となる。以上で，二人のじゃんけんの手を表現する方法は整った。

つぎに，勝者をどのように表現したらよいかを考える。じゃんけんの結果は，A さんの勝ち，B さんの勝ち，それから「あいこ」の 3 種類ある。これらも 2 進数の符号で表す必要がある。3 種類だから，やはり符号は 2 ビットあればよい。ここでは，A さんが勝ちなら「10」，B さんが勝ちなら「01」，あいこなら「11」と表現する。

このじゃんけんの結果を表す符号 2 ビットを，二つの論理関数 f_1 と f_2 で表現し，f_1 は結果を表す符号の上位ビットを，f_2 は下位ビットを表すことにする。f_1，f_2 ともに，A_1，A_2，B_1，B_2 の四つの変数をとる論理関数である。

表 3.1 にじゃんけんの勝敗判定の真理値表を示す。なお，表中の「手」ならびに「結果」の列で「(無効)」とあるのは，A ないし B の手の符号が「10」となる場合に対応しており，「10」という符号は未定義であることによる。これらはドントケア項となる。

図 3.10 のように，じゃんけん判定の論理関数 f_1 をカルノー図で表し，ドントケアを有効利用して簡単化を行うと，以下の 4 通りがいずれも最も簡単な論理式であることがわかる。

$$\begin{aligned}
f_1(A_1, A_2, B_1, B_2) &= \overline{A}_1\overline{B}_1B_2 + \overline{A}_2\overline{B}_1 + A_1\overline{B}_2 + A_2B_1 \\
&= \overline{A}_1\overline{B}_1B_2 + \overline{A}_2\overline{B}_2 + A_1\overline{B}_2 + A_2B_1 \\
&= \overline{A}_1A_2B_2 + \overline{A}_2\overline{B}_1 + A_1\overline{B}_2 + A_2B_1 \\
&= \overline{A}_1A_2B_2 + \overline{A}_2\overline{B}_1 + A_1\overline{B}_2 + A_1B_1
\end{aligned}$$

表 3.1 じゃんけんの勝敗判定の真理値表

A の手	B の手	A_1	A_2	B_1	B_2	f_1	f_2	結果
グー	グー	0	0	0	0	1	1	あいこ
グー	チョキ	0	0	0	1	1	0	A の勝ち
グー	(無効)	0	0	1	0	×	×	(無効)
グー	パー	0	0	1	1	0	1	B の勝ち
チョキ	グー	0	1	0	0	0	1	B の勝ち
チョキ	チョキ	0	1	0	1	1	1	あいこ
チョキ	(無効)	0	1	1	0	×	×	(無効)
チョキ	パー	0	1	1	1	1	0	A の勝ち
(無効)	グー	1	0	0	0	×	×	(無効)
(無効)	チョキ	1	0	0	1	×	×	(無効)
(無効)	(無効)	1	0	1	0	×	×	(無効)
(無効)	パー	1	0	1	1	×	×	(無効)
パー	グー	1	1	0	0	1	0	A の勝ち
パー	チョキ	1	1	0	1	0	1	B の勝ち
パー	(無効)	1	1	1	0	×	×	(無効)
パー	パー	1	1	1	1	1	1	あいこ

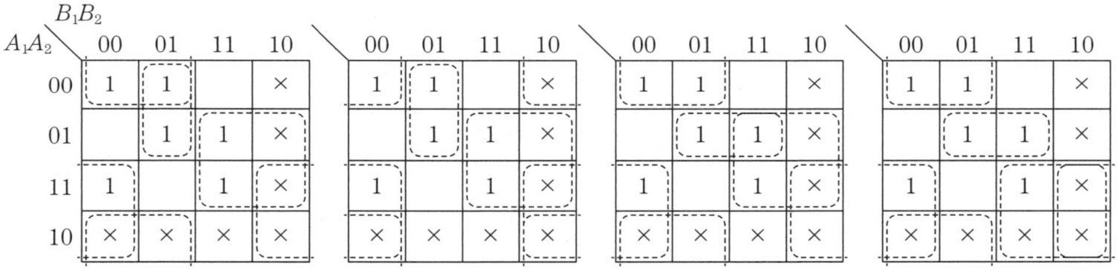

A_1A_2 \ B_1B_2	00	01	11	10
00	1	1		×
01		1	1	×
11	1		1	×
10	×	×	×	×

図 3.10 じゃんけん判定の論理関数 f_1 のカルノー図

同様に，f_2（カルノー図は省略）も

$$\begin{aligned}
f_2(A_1, A_2, B_1, B_2) &= A_2\overline{B}_1B_2 + \overline{A}_1\overline{B}_2 + \overline{A}_2B_1 + A_1B_1 \\
&= \overline{A}_1A_2\overline{B}_1 + \overline{A}_1\overline{B}_2 + \overline{A}_2B_1 + A_1B_2 \\
&= A_2\overline{B}_1B_2 + \overline{A}_1\overline{B}_2 + \overline{A}_2B_1 + A_1B_2 \\
&= \overline{A}_1A_2\overline{B}_1 + \overline{A}_2\overline{B}_2 + \overline{A}_2B_1 + A_1B_2
\end{aligned}$$

の四通りの解がある。このように，最も簡単な論理式は一通りとは限らない。

以上の式を回路化すれば，目的とするじゃんけん判定の回路が作成できる。実際の回路図は章末問題に譲る。 ◇

3.4 基本的な組合せ回路

コンピュータの重要な機能の多くは組合せ回路によって実現される。本節では，そのような基本的な組合せ回路をいくつか説明する。

3.4.1　デコーダとエンコーダ

2 進デコーダ（binary decoder），あるいは単に**デコーダ**は，n 個の入力を 2^n 個の出力に変換する回路で，入力された n ビットの 2 進数が指定する特定の出力を 2^n 個の中から選択し，そこでのみ 1 を出力し，残りの出力はすべて 0 とする。入力される n ビットの 2 進数を符号，すなわちコード（code）と見たとき，これを復号化する操作にあたることからこのように呼ばれる†。$n = 2$ の場合の 2 ビットデコーダの真理値表および回路図を**図 3.11** に示す。この 2 ビットデ

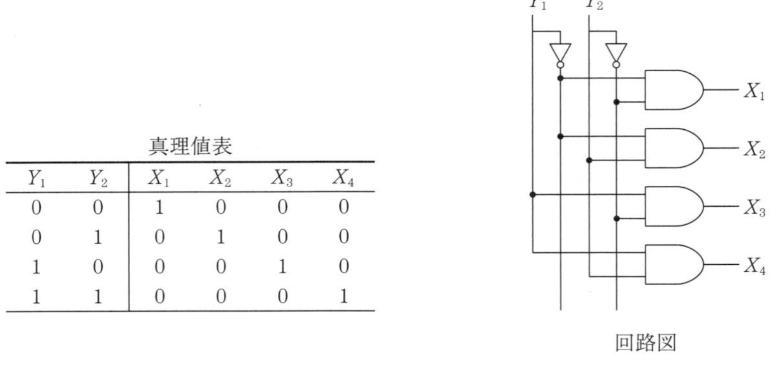

真理値表

Y_1	Y_2	X_1	X_2	X_3	X_4
0	0	1	0	0	0
0	1	0	1	0	0
1	0	0	0	1	0
1	1	0	0	0	1

図 3.11　2 ビットデコーダの真理値表と回路図

コーダの論理式は，真理値表から，出力 $X_1, \cdots, X_4$ がそれぞれ 1 を取る 2 変数 (Y_1, Y_2) 関数の最小項を選び出すことでつぎのように得られる。図の回路図はこの式から作成されている。

$$X_1 = \overline{Y_1}\,\overline{Y_2} \tag{3.6a}$$

$$X_2 = \overline{Y_1}Y_2 \tag{3.6b}$$

$$X_3 = Y_1\overline{Y_2} \tag{3.6c}$$

$$X_4 = Y_1 Y_2 \tag{3.6d}$$

また，デコーダとちょうど入出力を逆にしたような動作を行う回路を**2 進エンコーダ**（binary encoder），あるいは単に**エンコーダ**と呼ぶ。エンコーダは 2^n 個の入力を n 個の出力に変換する。2^n 個の入力のうち一つだけが 1 を取り，残りは 0 を取るとき，何番目の入力が 1 を取っているかを 2 進数のコードで表現する。$n = 2$ の 2 ビットエンコーダの真理値表および回路図を**図 3.12** に示す。

2 ビットエンコーダの論理式は，出力 Y_1，Y_2 が 1 になるときの入力 $X_1, \cdots, X_4$ の組合せに着目すると，式 (3.7a, b) のように表現される。

† 一般に，注目している量（今の例では何番目の信号線か）に適当な数値を与えること，あるいはその数値に変換することを**符号化**（エンコーディング，encoding）と呼び，その逆変換を**復号化**（デコーディング，decoding）と呼ぶ。2 進デコーダおよび 2 進エンコーダ以外にこのような呼び方をする例として，付録 E 章で扱う命令エンコーディング，命令デコーダなどがある。

真理値表

X_1	X_2	X_3	X_4	Y_1	Y_1
1	0	0	0	0	0
0	1	0	0	0	1
0	0	1	0	1	0
0	0	0	1	1	1

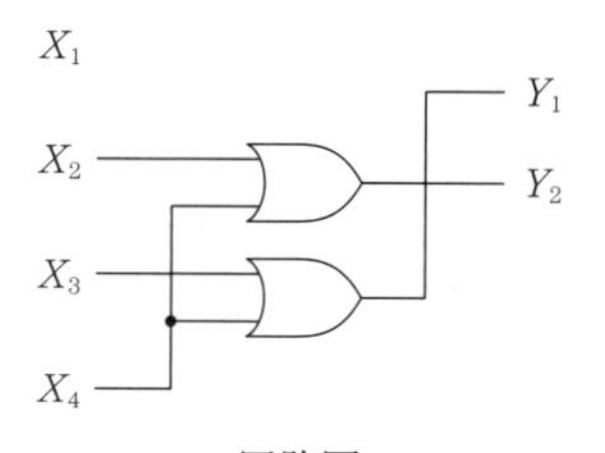

回路図

図 **3.12** 2 ビットエンコーダの真理値表と回路図

$$Y_1 = X_3 + X_4 \tag{3.7a}$$

$$Y_2 = X_2 + X_4 \tag{3.7b}$$

図 3.12 の回路図は式 (3.7a, b) に基づく。今の場合，入力変数は四つあるから入力の組合せは理論的には 16 通りあるが，二つの入力が同時に 1 になるような場合，例えば $(X_1, X_2, X_3, X_4) = (1, 1, 0, 0)$ は，ドントケア項に該当する。式 (3.7a, b) は，このことを利用して簡単化したものとも見なせる。

なお，エンコーダの一種で，複数の入力が同時に 1 になる場合を許容し，その場合にあらかじめ優先される入力を決めておき，それに従ってコードへの変換を行うものもある。これを**プライオリティエンコーダ**（priority encoder）と呼ぶ。

3.4.2 マルチプレクサとデマルチプレクサ

n 個の入力があるとき，そのうちの一つを選んで出力することのできる回路を**マルチプレクサ**（multiplexer，**セレクタ**，selector）という。これと反対に，一つの入力に対し，n 個ある出力の中から一つを選んでそこに出力する回路を**デマルチプレクサ**（demultiplexer）という。**図 3.13** のように，入力を切り替えるスイッチの役割を果たすのがマルチプレクサで，出力を切り替えるスイッチの役割を果たすのがデマルチプレクサである。二つの回路はともに，このスイッチを制御するための入力を別にもつ。

図 3.14 に，4 入力を切り替えるマルチプレクサの真理値表と回路図を示す。この回路はつぎ

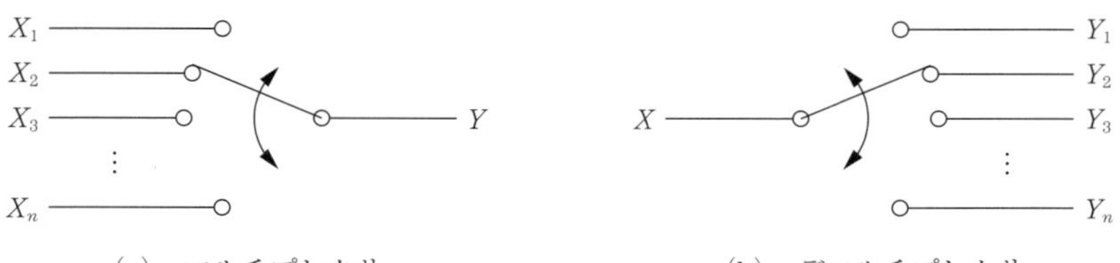

(a) マルチプレクサ　　(b) デマルチプレクサ

図 (b) のデマルチプレクサでは，入力 X につながっていない Y_i は 0 を出力するものとする。

図 **3.13** マルチプレクサとデマルチプレクサの概念図

真理値表

C_1	C_2	Y
0	0	X_1
0	1	X_2
1	0	X_3
1	1	X_4

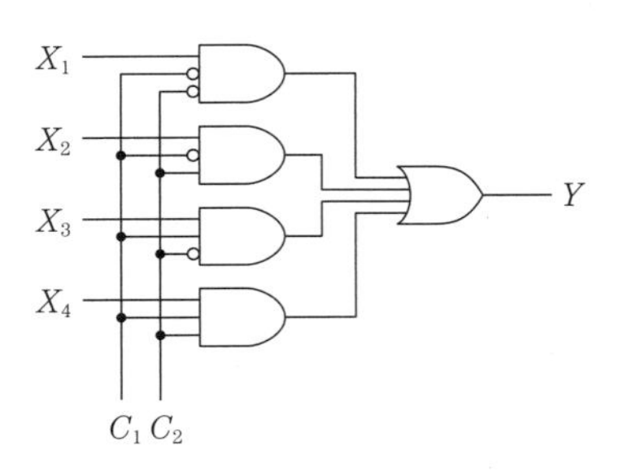

回路図

図 3.14　4 入力マルチプレクサの真理値表と回路図

のように動作する。まず，四つある入力 $X_1, \cdots, X_4$ は，それぞれ別々の AND ゲートに入力されている。各 AND ゲートは 2 入力であり，入力の両方が 1 にならないと 1 を出力しないので，制御入力 C_1 と C_2 の組合せによって，これら四つの AND ゲートのうち一つが入力を内部に伝える。こうして $X_1, \cdots, X_4$ のうちの一つが選択され，その後の OR ゲートに入力される。OR ゲートは，入力の四つのうちのどれか一つでも 1 なら 1 を出力し，すべて 0 であれば 0 を出力するので，選択された入力がそのまま回路の最終的な出力 Y になる。このようにして入力を切り替える機能が実現される。

マルチプレクサは，大規模な回路やシステムにおける信号選択回路として頻繁に利用されるため，回路図上ではしばしば簡略化して表記される。**図 3.15** にマルチプレクサの簡略表記を示す。

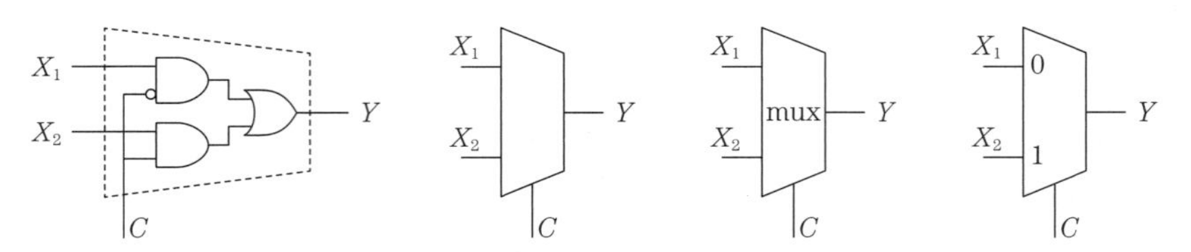

multiplexer は，略して mux と記載されることも多い。また，制御信号の値によってどの入力が選択されるかを明記する場合もある。

図 3.15　マルチプレクサの簡略表記

図 3.16 に，4 出力のデマルチプレクサの真理値表と回路図を示す。この回路はつぎのように動作する。一つの入力 X が，四つの異なる（3 入力の）AND ゲートに分配されている。マルチプレクサ同様，制御入力 C_1 と C_2 の組合せに応じて，これら四つの AND ゲートのうちで，ただ一つだけが 1 を出力可能となる（それ以外の AND ゲートはつねに 0 を出力）。さらにそのとき，入力 X が 1 であればその AND ゲートの出力も 1 となるし，0 であれば出力も 0 となるので，$Y_1, \cdots, Y_4$ の特定の一つのの出力だけに入力 X が出力されることになる。このようにして出力を切り替える機能が実現される。

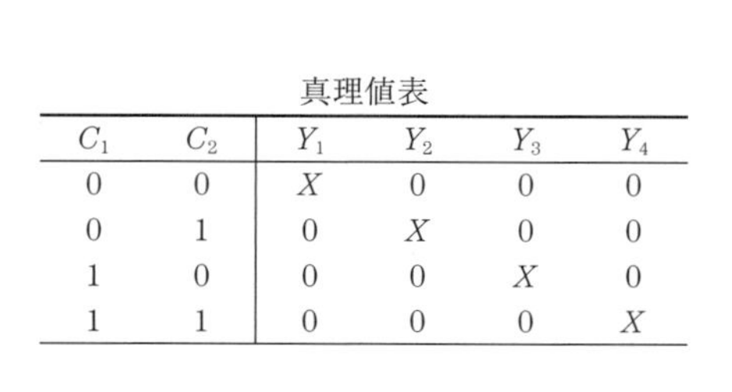

真理値表

C_1	C_2	Y_1	Y_2	Y_3	Y_4
0	0	X	0	0	0
0	1	0	X	0	0
1	0	0	0	X	0
1	1	0	0	0	X

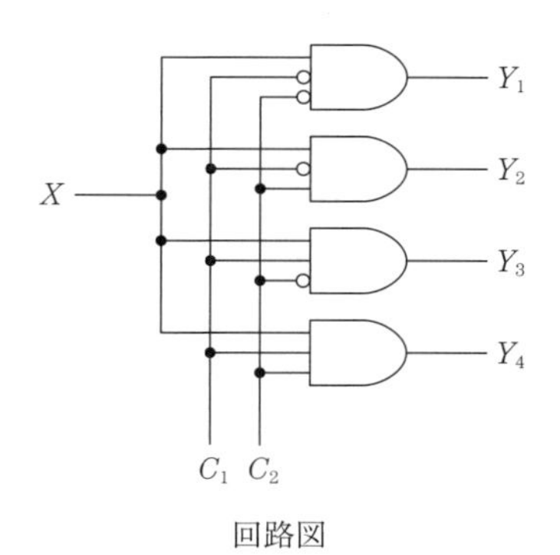

回路図

図 3.16　4 出力デマルチプレクサの真理値表と回路図

3.4.3　バ レ ル シ フ タ

バレルシフタ（barrel shifter）は，n ビットの 2 進数を入力とし，指定したビット数分のビットシフトを行う回路である。バレルシフタが本来実現するのは**循環シフト**（circular shift，**ローテート**，rotate）と呼ばれる動作である。すなわち，右に 1 ビットシフトするとき，入力された 2 進数の最下位ビットが出力 2 進数の最上位ビットに現れる。例えば，00010011 を右に 1 ビット循環シフトすると 10001001 となり，2 ビット循環シフトすると 11000100 となる。左へのシフトは以上の反対になる†。

バレルシフタは，上で述べたマルチプレクサを複数組み合わせることで実現される。図 3.15 に示した 2 入力 1 出力のマルチプレクサの表記を使うと，4 ビットバレルシフタの回路図は**図 3.17** のように書ける。この図では，図 3.15 に示したマルチプレクサが 8 個使われており（右に 90° 回転して描かれている），各マルチプレクサは，制御入力 C_i が 0 のとき右側の入力を出力し，1 のとき左側の入力を出力するものとする。

図 3.17 の回路はつぎのように動作する。まず $C_2C_1 = 00$ のとき（以下 $C_1 = 0$, $C_2 = 0$ を

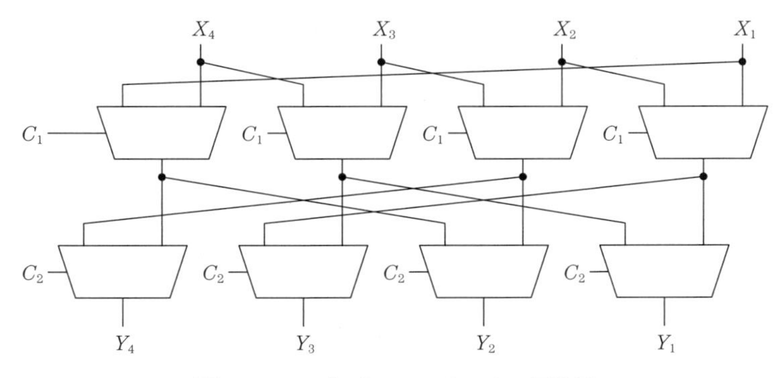

図 3.17　4 ビットバレルシフタの回路図

† N ビット数の k ビット左循環シフトは，$(N-k)$ ビット右循環シフトと等価である。また，1 章で学んだような循環しないシフト動作を実現するためには，循環して逆側に現れたビットを強制的に 0 にするマスク回路を後段に設ければよい。このように，さまざまなシフト動作を共通の回路で実現できる。

まとめてこのように表記する)，上段の四つのマルチプレクサはそれぞれ右側の入力を出力し，下段の四つも同じであるので，4 ビットの入力 $X_4X_3X_2X_1$ はそのまま $Y_4Y_3Y_2Y_1$ に出力される。つぎに $C_2C_1 = 01$ のとき，上段の四つのマルチプレクサはそれぞれ今度は左側の入力を下段のマルチプレクサに伝え，下段は右側の入力を出力するので，$Y_4Y_3Y_2Y_1$ には入力を 1 ビット右にシフトした $X_1X_4X_3X_2$ が出力される。さらに $C_2C_1 = 10$ のときは，上段のマルチプレクサは右側，下段は左側の入力を選んで出力するので，$Y_4Y_3Y_2Y_1$ には入力を 2 ビット右にシフトした $X_2X_1X_4X_3$ が出力される。最後に $C_2C_1 = 11$ のときは，上段，下段ともに各マルチプレクサは左側の入力を出力するので，$Y_4Y_3Y_2Y_1$ には入力を 3 ビット右に循環シフトした $X_3X_2X_1X_4$ が出力される。制御入力の C_2C_1 を 2 進数として解釈すると，それが表す数と同じビット数だけのシフトを実現していることがわかる。バレルシフタは，このように指定したビット数分だけの入力 2 進数のシフトを実行する。

3.5　計算を行う組合せ回路

3.5.1　加　算　器

二つの整数の加算を行う組合せ回路を考える。2 進数で表現された二つの整数が入力されて，それらを加算したものを出力する回路である。

このような回路を設計するため，二つの 2 進数の加算はどのような手続きで実行されるのかを分析する。そのために，二つの整数を x と y と表記し，それぞれの i 桁目の 1 ビットを X_i および Y_i と書く。x および y が n ビットの 2 進数のとき，$x = X_nX_{n-1}\cdots X_1$，$y = Y_nY_{n-1}\cdots Y_1$ のようになる。2 進数 x と y の加算は，10 進数の加算と同様の手続きに従ってつぎのように行われる。

① 一番下の桁 $i = 1$ について右記を行う： X_1 と Y_1 を加算する。1 ビットの数どうしの加算なので，$0+0=0$, $0+1=1$, $1+0=1$, $1+1=10$ の 4 通りしかない。この真理値表を**表 3.2**(a) に示す。加算の結果の和を S_1，つぎの桁 $i = 2$ への**桁上がり**（**繰上がり**，**キャ**

表 3.2　2 進数の加算における最下位桁およびそれ以外の各桁の演算の真理値表

(a) 最下位桁

X_1	Y_1	S_1	C_2
0	0	0	0
0	1	1	0
1	0	1	0
1	1	0	1

(b) 最下位桁以外

X_i	Y_i	C_i	S_i	C_{i+1}
0	0	0	0	0
0	0	1	1	0
0	1	0	1	0
0	1	1	0	1
1	0	0	1	0
1	0	1	0	1
1	1	0	0	1
1	1	1	1	1

リー）を C_2 と書く。桁上がりは $1+1=10$ のときのみ発生し $C_2=1$ となり，それ以外では $C_2=0$ である。

② 下から 2 桁目以上の各桁 $i=2,3,\cdots$ について，この順に最上位の桁まで右記を繰り返す： この桁の数 X_i と Y_i および下の桁からの桁上がり C_i の三つの数を加算する。加算の結果の和を S_i，桁上がりを C_{i+1} と書く。この計算の真理値表を表 (b) に示す。

以上のように二つの数の加算は，最下位桁から最上位桁に，順番に各桁ごとの加算の手続きを繰り返し行っていくことで実現できる。一桁分の加算を行う回路を特に**全加算器**（full adder）と呼び，下の桁からの桁上がりを考慮しない場合の加算（ちょうど最下位桁での加算）を行う回路を**半加算器**（half adder）と呼ぶ。この定義は，後で述べるように半加算器を二つ組み合わせると全加算器一つができることによる。

半加算器は，表 (b) の真理値表を，$i \neq 1$ の場合に一般化して読み替えると，式 (3.8a, b) のように論理式が定まる。

$$S_i = \overline{X_i}Y_i + X_i\overline{Y_i} \tag{3.8a}$$

$$C_{i+1} = X_i y_i \tag{3.8b}$$

式 (3.8a, b) をもとに回路図を書くと，**図 3.18** のようになる。

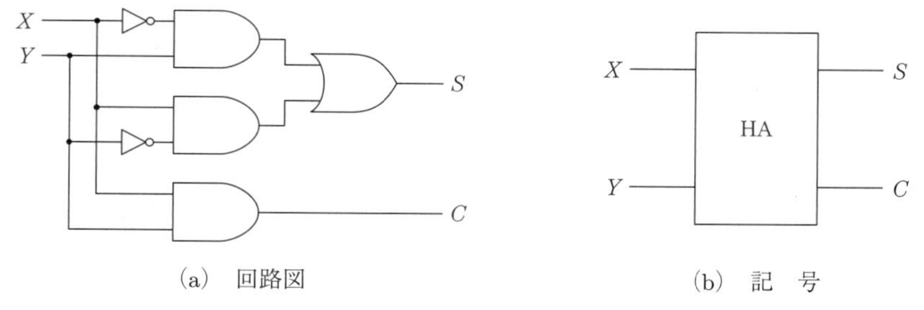

(a) 回路図　　(b) 記　号

図 3.18 半加算器の回路図と記号

なお，S_i は排他的論理和 (XOR, $\oplus$) を使うと $S_i = X_i \oplus Y_i$ と書ける。一方，全加算器は，表 3.2(b) の真理値表を回路化したものであるが，半加算器の結果にさらに C_i を加算するものであることを考えると，**図 3.19** のように半加算器二つの組合せで構成できることがわかる。

この全加算器を使うと，二つの 2 進数の加算は，その桁数と同じ数だけの全加算器を**図 3.20** のようにカスケード接続することで実現できる。各桁 i の桁上がり出力が，その一つ上の桁 $i+1$ の桁上がり入力に接続されていることに注意する。この仕組みにより，各桁ごとの加算を下の桁から上の桁と順番に実行することができ，全体として 2 数の加算が実現できる。

なお，このように，下位桁から上位桁に桁上がりを順番に伝搬していくタイプの加算器を**リップルキャリー**（ripple carry）型と呼ぶ。桁上がりの伝搬を要するため，計算にかかる時間はあまり短くできない問題がある。桁上がりを別に計算することで，計算の高速化を図るキャリールックアヘッド（carry look ahead）型と呼ばれる加算器もある。

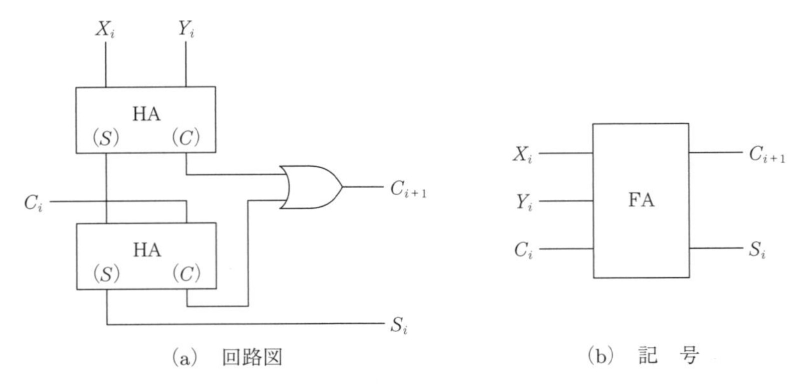

図 3.19　全加算器の回路図と記号

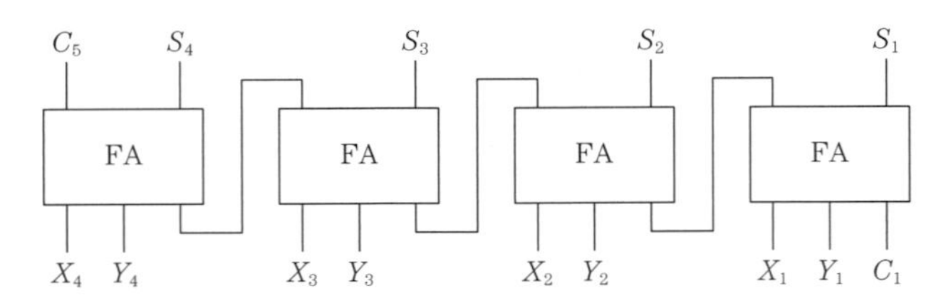

図 3.20　4 ビット加算器の回路図

3.5.2 減　　算　　器

二つの数の減算すなわち $x-y$ も，基本的に加算と同じ手続きで実行され，各一桁ごとの計算を繰り返し，桁の数と同じ回数だけ行うことで計算が行える。そこでの違いは，加算における桁上がり（キャリー）のかわりに，減算では**桁借り**（**繰下がり**，**ボロー**）を考えることである。半加算器，全加算器に相当する半減算器および全減算器が作れる。

ただし，2 章で述べたように，負の数を 2 の補数によって表現すれば，減算は加算によっても実現できる。つまり，x, y をともに正の 2 進数とするとき，$x-y=x+(-y)$ であることを利用し，$-y$ を 2 の補数で表現する。そうすれば，x と 2 の補数で表現された $-y$ とをそのまま加算すれば良い。減算結果が負になる場合，答も 2 の補数によって表現される。さらに 2 の補数は，元の数の各ビットの否定を取って得られる数に 1 を加えれば求めることができるので，上で設計した加算器に若干の補助回路を付加すれば済む。具体的な構成は章末問題【 6 】で扱う。

3.5.3 比　　較　　器

コンピュータで必要な機能の一つに，二つの数の大小比較がある。加算器などと同様，二つの 2 進数 x, y が入力されたとき，そのどちらが大きいかを出力する**比較器**（comparator）を考える。$x<y$ なら 1 を，$x \geqq y$ なら 0 を出力することにすると，2 数の大小比較は加算器などと同様，下の桁から上の桁へ順に各桁ごとの大小比較を行えばよい。このとき各桁ごとの比較結果はつぎの桁へと送るが，各桁ではその桁のビット X_i と Y_i の比較を行い，$x<y$ なら 1

真理値表

X_i	Y_i	F_{i-1}	F_i
0	0	0	0
0	0	1	1
0	1	0	1
0	1	1	1
1	0	0	0
1	0	1	0
1	1	0	0
1	1	1	1

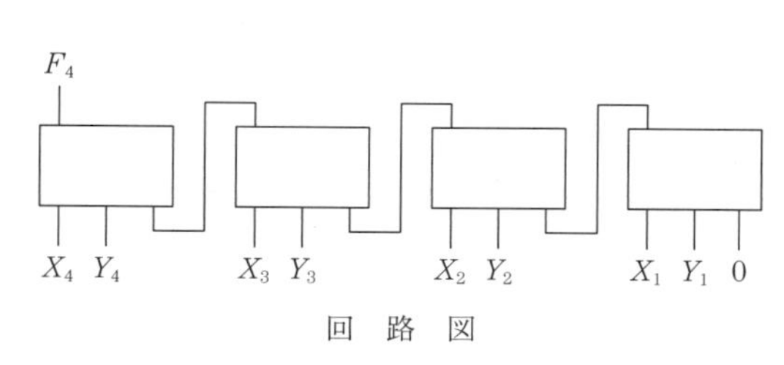

図 3.21　比較器の各桁における計算の真理値表と 4 ビット比較器の回路図

を，$x > y$ なら 0 を，そして $x = y$ なら下の桁までの比較結果を，その上の桁に送る。各桁の比較結果のビットを F_i と書くとき，各桁の計算を表す真理値表および 4 ビットの比較を行う回路は**図 3.21** のようになる。また，1 ビット比較器の回路図を**図 3.22** に示す。

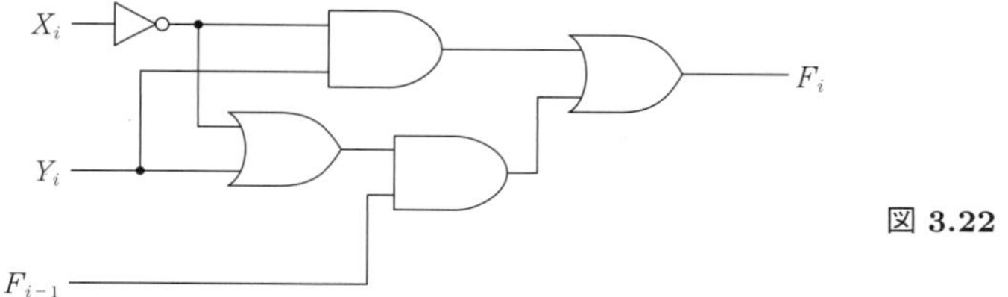

図 3.22　1 ビット比較器の回路図

これとは別に，二つの数が等しいか否かの判定だけを行いたい場合も多い。これを行う**等値比較器**（equality comparator）は，大小比較よりも簡単で高速な回路で実現できる。排他的論理和（XOR）が，その 2 入力がたがいに異なるときに 1 を出力するものだったことを思い出せば，**図 3.23** のように構成できることがわかる。この例では，二つの 4 ビット数 X と Y がたがいに等しいときのみ出力 E が 1 となる。

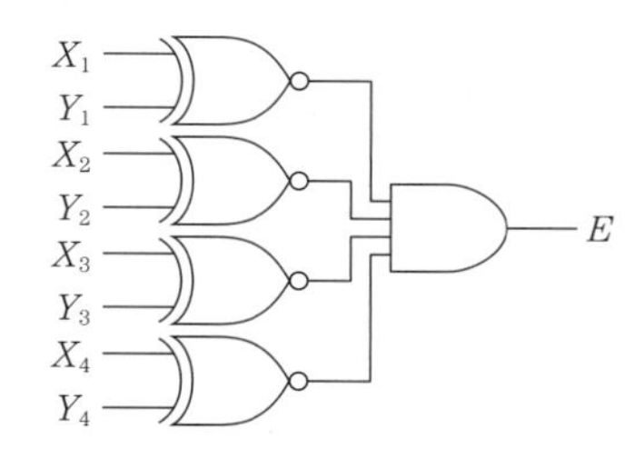

図 3.23　4 ビット等値比較器の回路図

章　末　問　題

【1】 例題 3.2 で考えたじゃんけんの勝敗判定について，その論理回路を書け。

【2】 3 変数の論理関数で，1 を取る変数の数が偶数なら 1 を，そうでないなら 0 を返すものを考える。この論理関数の回路図を書け。

【3】 三つの入力変数 A, B, C を取る論理関数 $f(A,B,C)$ で，A, B, C のうち論理値 0 を取るものの数が 2 以上のとき 1 を出力し，それ以外のときは 0 を出力するものを考える。カルノー図を用いて簡単化を行った後の回路図を書け。

【4】 問題【3】の論理関数で，$(A,B)=(1,1)$ となる入力が存在しない（＝ドントケアである）ことがわかっている場合，さらに回路を簡単にすることができる。その回路図を書け。

【5】 3.5.2 項で述べた半減算器と全減算器を設計し，それぞれ回路図を書け。また，設計した全減算器を使い，4 ビット減算器の回路図を図 3.20 にならって書け。

【6】 3.5.2 項で述べたように，n ビットの減算器は，負の数を 2 の補数によって表現すれば，n ビットの加算器に若干の補助回路を追加するだけで実現できる。その場合の全体の回路図を書け。

【7】 図 3.11 と図 3.12 にならって，3 ビットのデコーダとエンコーダの真理値表および回路図をそれぞれ書け。

【8】 図 3.14 にならって 6 入力マルチプレクサの回路図を書け。同様に，図 3.16 にならって 6 出力デマルチプレクサ回路図を書け。

4 順序回路の基礎

3 章で説明した組合せ回路では，回路の出力は外部からの入力だけで定まった。これに対して本章で考える順序回路では，外部からの入力に加え，回路がその時点で取る内部的な状態にも依存して，回路の動作が決まる。この仕組みにより順序回路は，組合せ回路では実現できない動作を実現する。

4.1 状 態 機 械

内部的な状態と外部からの入力の組によって動作が決定される機械[†1]のことを，一般に**状態機械**（state machine, automaton）と呼ぶ[†2]。状態機械は，情報科学のさまざまな領域で基礎的な役割を果たす重要な概念である。例えば 9 章では，プログラミング言語の文法解析への適用例を示す。状態機械を電子回路として実現したものが**順序回路**（sequential logic）である。

4.1.1 状態機械の定義

一つの状態機械 M は，入力集合 I，出力集合 O，状態集合 S，状態遷移関数 δ，出力関数 λ の五つの要素によって完全に表現される。

$$M(I, O, S, \delta, \lambda) \tag{4.1}$$

最初の三つ，I, O, S はそれぞれ集合である。入力集合 I とは，その状態機械に外部から与えられる入力の集合，すなわち，入力の全種類を網羅したものである。同様に出力集合 O とは，その状態機械から外部へ与えうる出力の全種類を網羅した，出力の集合である。状態集合 S とは，その状態機械が取りうる状態の全種類を網羅した，状態の集合である。

上述のように状態機械は，現在の状態と外部からの入力の組によって，その動作が決まる。動作の中身は，つぎにどの状態を取るかと，何を外部に出力するかの二つがある。これを記述するのが，五つの要素の残りの二つ，δ, λ である。

状態遷移関数（transition function, state transition function）δ とは，状態機械がつぎに

†1 ここでは機械とは，電子回路等を含む装置全般を指す。
†2 ここでは，機械が取りうる状態の数は有限個である（つまり，無限個でない）場合を扱うが，このことを特に明確にするために，**有限状態機械**（finite state machine, finite state automaton）と呼ぶこともある。

どの状態を取るかを記述する。この関数は，状態機械の現在の状態と外部からの入力の組をもとに，つぎに遷移する状態を計算する。最初に定義した三つの集合を用いると，この関数の定義域は $S \times I$，値域は S であると表現できる（$\delta : S \times I \to S$）。

一方で**出力関数**（output function）λ とは，状態機械が外部に何を出力するかを記述する。この関数は，現在の状態と外部からの入力の組をもとに，外部への出力を計算する。この関数の定義域は $S \times I$，値域は O である（$\lambda : S \times I \to O$）。

以上の五つの要素，すなわち I, O, S, δ, λ によって，一つの状態機械は過不足なく表現される。つまりこの五つを与えると，一つの状態機械が決定される。

なお以上では，出力が内部の状態と入力に応じて決まると考えた。このような状態機械を**ミーリー型機械**（Mealy machine）と呼ぶ。一方，出力が内部状態のみで決定されると考える流儀もあり，その場合の状態機械を**ムーア型機械**（Moore machine）と呼ぶ。両者は簡単な手続きで書き換えることができるため，本質的には大きな違いはない。

4.1.2 状態機械の例

状態機械の簡単な例を以下に示す。

例 4.1　200 円の品物一種類を販売する自動販売機を考える。この自動販売機はつぎのような動作をする。

(a) 100 円硬貨と 500 円硬貨だけを受け付ける。

(b) 一度に投入できる硬貨は 1 枚。

(c) 投入した硬貨の合計金額が 200 円を超えると，その時点で品物と釣銭を同時に出す。

(d) 品物は 1 種類なので，ボタンなどはない。

この自動販売機から品物を買う方法の一つは，100 円硬貨を 2 枚続けて投入することである。自動販売機側から見ると，100 円硬貨が 1 枚投入された後，2 枚目が投入された時点でようやく品物を出す。同じ 100 円硬貨の投入という外部入力に対して，硬貨が 1 枚も投入されていないときと 100 円硬貨が 1 枚投入された後で，このように自動販売機の動作は異なる。これを可能にするために，自動販売機は，自分の状態，すなわち 100 円硬貨が 1 枚投入されているかどうかを記憶できる必要があることに注意する。

4.1.3 同期式と非同期式の状態機械

4.1.2 項で述べた自動販売機の例のように，状態機械は時間の経過とともに動作が変化する。3 章の組合せ回路と異なり，状態機械（および順序回路）を考えるうえで，時間の概念が欠かせない。

状態機械における時間のとらえ方には2種類あり，それぞれ**同期式**（synchronous）および**非同期式**（asynchronous）と呼ばれる。同期式の状態機械では，時間は離散化して考える。一方，非同期式の状態機械では，時間を連続的にとらえる。後述するように，状態機械（および順序回路）の動作を理解し，特に順序回路を設計するには，非同期式よりも同期式のほうがはるかに簡単である。また世の中で使われている状態機械（順序回路）の多くが同期式である。このようなことから本章では，同期式状態機械を中心的に扱い，非同期式状態機械は付録A.2節で触れる。

同期式状態機械を扱うため，つぎのように，あらかじめ定めた一定の時間間隔 Δt を用いて，時刻 t を

$$t_n = t_0 + n\Delta t \tag{4.2}$$

と離散化する。これにより，時間は $t_0, t_1, t_2, \cdots$ という離散時間として扱うこととなり，各時刻は整数 $n = 0, 1, 2, \cdots$ で表現される。同期式状態機械では，この離散化された各時刻においてのみ，その動作を考えることになる。

4.2　入力・状態・出力集合

4.1.2項の例4.1の自動販売機について再び考える。この自動販売機が，同期式の順序回路で実現されているとする。このとき，自動販売機（あるいはその内部の順序回路）は，離散化された時刻 t_n ごとに動作を行い，つまりどの硬貨が投入されたかを調べ，それに対する適切な反応を返す。

自動販売機には硬貨の投入（および硬貨の種類）を判断するセンサが備わっていて，このセンサが順序回路へ必要な情報を入力するとする。硬貨を投入するのは人間であるから，投入のタイミングは離散化された時刻とは無関係に起こりうるが，投入直後の時刻 t_n（例えば時刻 t_{n-1} と t_n の間に投入されたとすると，時刻 t_n）においてのみ，センサから順序回路へ入力があるものとする。また離散時間間隔 Δt は十分短いものとし，その間に2枚以上の硬貨を投入することはできないとする。

以上の条件から，品物を購入しようとしている自動販売機の使用者が，どのような動作を行ったかを，時刻 t_n ごとに考えると

①　100円硬貨を投入した場合

②　500円硬貨を投入した場合

③　何もしなかった場合

の三つに分けられる。この三つの場合を記号で表し，何もしなかった場合を I_1, 100円投入した場合を I_2, 500円を投入した場合を I_3 と書くことにする。

この自動販売機が行う動作は，品物を出すことと，適当な金額の釣銭を出すことである。硬貨の投入の仕方によっていくつかのパターンがある。100 円硬貨を 2 枚続けて投入されたときには，品物だけを出せばよい。500 円硬貨を 1 枚投入された場合には，ただちに品物と釣銭 300 円を出せばよい。さらに，100 円硬貨を 1 枚投入した後，500 円硬貨を 1 枚投入されることもある。これはスマートな自動販売機の使い方とは言えないが，使用者がそのような行動を取ることは十分ありうる。この場合には品物と 400 円の釣銭を出すことになる。また，自動販売機は，離散時間で動作しているから，何もしないという動作も必要である。

このように，自動販売機の動作は全部で 4 種類ある。これらも記号で表し，「何もしない」を O_1，品物のみを出す動作を O_2，品物と 300 円の釣銭を出す動作を O_3，品物と 400 円の釣銭を出す動作を O_4 とそれぞれ書くことにする。

上で述べたように，自動販売機は今いくらのお金が投入されているかを内部状態として保持する必要がある。つまり，使用者が 100 円硬貨を 1 枚目投入したとき，そのこと（= 100 円投入されている）を記憶する。こうすることで，2 枚目の投入があったときに正しい対応ができる。したがって，自動販売機には

① 100 円硬貨が 1 枚投入されているという状態

② 硬貨が 1 枚も投入されていない状態

の 2 種類の状態が必要である。これらも記号で表し，硬貨が未投入の状態を S_1，100 円硬貨が 1 枚投入済みの状態を S_2 とする。また，使用者が行う自動販売機への動作は，自動販売機から見れば自身への入力であり，自動販売機が行う動作は出力である。以上をまとめると，自動販売機は**表 4.1** のような入力，状態，出力をもつことになる。

表 4.1　自動販売機の入力，状態，出力

入　力	I_1 ：入力なし，I_2：100 円硬貨投入，I_3：500 円硬貨投入。
状　態	S_1 ：硬貨未投入，S_2：100 円硬貨投入済み。
出　力	O_1：何もしない，O_2：品物だけを出す， O_3：品物と 300 円を出す，O_4：品物と 400 円を出す。

4.1.1 項で述べたように，状態機械は五つの要素を指定すると決まる。そのうちの 3 要素，入力集合 I，出力集合 O，状態集合 S は，今の場合，表 4.1 に定義した記号を用いて，$I = \{I_1, I_2, I_3\}$，$O = \{O_1, O_2, O_3, O_4\}$，$S = \{S_1, S_2\}$ となる。

4.3　内部状態の遷移

4.3.1　状 態 遷 移 図

表 4.1 は，自動販売機に対するすべての入力の可能性と，取りうる状態，そして必要な出力のすべてを網羅するが，肝心の動作を表現するものではない。この自動販売機では，入力と現

在の状態に応じて，出力とつぎの状態が決定される。例えば，100円硬貨投入済みの状態S_1から，さらに100円硬貨が（追加）投入されれば，自動販売機は品物だけを出し（O_2），硬貨未投入の状態S_1へと戻る。このほかにもいくつもの動作のパターンが可能性としてあるが，それらを図で表現するのが**状態遷移図**（state transition diagram, state diagram）である。今の場合，**図4.1**のようになる。状態遷移図は，文章で表現すると複雑になる順序回路の動作を，わかりやすく図示する。

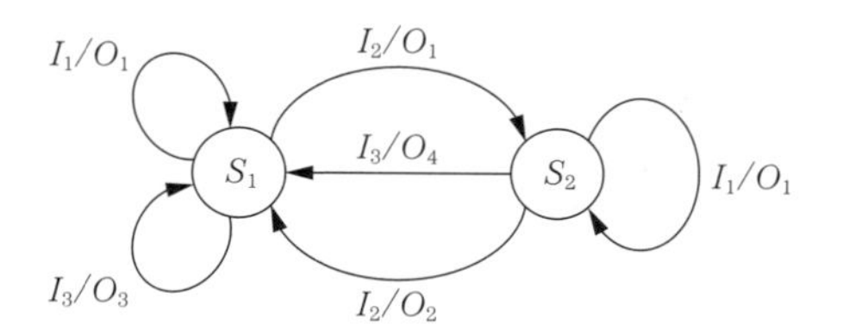

図4.1　単純な自動販売機の状態遷移図

状態遷移図4.1は自動販売機の動作を完全に表現する。自動販売機はその動作開始時に，S_1すなわち硬貨がまだ投入されていない状態にあるとする。今，100円硬貨が1枚投入されたとする。これは入力I_2である。このとき，自動販売機は状態S_1から状態S_2に移る。図の中央上にあるI_2/O_1と付記された有向エッジ（矢印）が，この状態の遷移を表す。I_2/O_1のような表記は，記号「/」の左側が状態の遷移を引き起こす入力を表し，右側がその遷移に伴う出力を表す。I_2/O_1は，I_2が入力されたので，有向エッジに従って状態がS_1からS_2に移り，それと同時にO_1を出力することを意味する。

図中のその他の矢印は，それぞれ異なる状態の遷移を表す。二つの状態S_1, S_2に端を発する矢印がそれぞれ三つずつあること，つまりそれぞれ3通りの状態遷移の仕方があることに注意する。これは入力が3通り（I_1, I_2, I_3）あることに対応するが，状態遷移は入力によって引き起こされることを考えれば当然である。このように今，有向エッジは全部で6本ある。残りの5本を順に見ていく。

状態S_1にあるとき500円硬貨が投入された（$=I_3$）とすると，自動販売機は品物と釣銭300円を出す（$=O_3$）。これを表す有向エッジは，図の左下にあるI_3/O_3と付記されたものである。この場合，状態はS_1のまま変わらないことに注意する。なぜなら品物と釣銭を出した後，自動販売機には硬貨は投入されていない状態にあるからである。

ここでは上述のように，離散的に与えられた時刻t_nにおいてのみ遷移が起こる同期式順序回路を考えている。したがって利用者が硬貨を投入しない場合には，自動販売機には絶えずI_1すなわち「何もしない」という入力が与えられていると見なす。この「何もしない」という入力が与えられたとき，自動販売機は現在の状態を保持することが求められる。つまり，100円硬貨が未投入ならばその状態(S_1)を，1枚投入済みならその状態(S_2)を継続する。これらに対応して，図の左端にある状態S_1から出てS_1へ戻る有向エッジと，図の右端の状態S_2からS_2へ戻る有向エッジがある。利用者が何もしなければ，永遠に同じ状態が保たれることに注意する。

残りの二つの状態遷移はつぎのとおりである。一つは，状態 S_2 にあって 100 円硬貨が投入された（$= I_1$）場合で，このときは品物のみを出して（$= O_2$）硬貨が投入されていない状態（$= S_1$）に戻る。中央一番下の I_2/O_2 と付記したエッジがこれに対応する。最後の一つは，先述のスマートでない自動販売機の使い方に対応したもので，状態 S_2 にあって 500 円硬貨が投入された（$= I_3$）場合である。このときは品物と釣銭 400 円を出す（$= O_4$）が，I_3/O_4 と書いてある中央の直線上のエッジがこれに対応する。

このように状態遷移図は，入力に応じて内部状態が遷移する様子と，その際の出力を表現する。4.1.2 項では，文章によって自動販売機の動作を定義した。状態遷移図にすることで，順序回路の動作がよりわかりやすいものとなる。順序回路の設計時には状態遷移図を書きながら，実現すべき機能や動作を考えるのが普通である。

4.3.2　状態遷移表と出力表

状態遷移図に示された状態遷移の様子とその際の出力の詳細を，それぞれ表として表現したものを，**状態遷移表**（state transition table）と**出力表**（output table）と呼ぶ。両者をまとめて状態遷移表と呼ぶこともある。順序回路の設計開始時には，その動作を考えるうえで状態遷移図を利用するが，いったんこれが完成したら，さらに回路を実現するためにこれら状態遷移表と出力表を用いる。

これまで考えてきた自動販売機の例題では，状態遷移表と出力表は**表 4.2** のようになる。

表 4.2　自動販売機の状態遷移表と出力表（状態遷移図 4.1 に対応）

(a)　状態遷移表

		入　力		
		I_1	I_2	I_3
現状態	S_1	S_1	S_2	S_1
	S_2	S_2	S_1	S_1

(b)　出　力　表

		入　力		
		I_1	I_2	I_3
現状態	S_1	O_1	O_1	O_3
	S_2	O_1	O_2	O_4

まず，表 (a) の状態遷移表から説明する。この表は，行に現在の状態を，列に状態機械への入力を選び，表の各要素につぎに遷移する先の状態を示す。これにより，ある状態にあってある入力が与えられたとき，つぎにどの状態に遷移するかが表される。例えば，現状態が S_1 であるとき I_1 が入力されたとすると，S_1 の行の I_1 の列のセルにある状態，つまり S_1 が遷移先の状態となる。現状態が S_1 で I_2 が入力されれば，その隣のセルにある S_2 に遷移する。つまりこの表の六つのセルは，状態遷移図の 6 本の有向エッジにそれぞれ対応する。現状態が有向エッジの根元に位置する状態であり，次状態が有向エッジの先端に位置する状態にあたる。

つぎに表 (b) にある出力表を見る。表 (b) も状態遷移表と同様の見方をするが，表 (b) が示すのは遷移する際の順序回路の出力である。例えば，現状態が S_2 にあるとき I_2 の入力があると，遷移すると同時に，表中の S_2 の行の I_2 の列のセルにある出力，つまり O_2 を出力する，という具合に読む。状態遷移用同様，出力表にも六つのセルがあり，同じく6本の有向エッジに対応する。有向エッジに付記された I_1/O_2 のような表記の「/」の右側が表に転写されている。

このように，状態遷移図があれば，そこから状態遷移表および出力表をただちに作ることができる。逆に，状態遷移表と出力表があれば，状態遷移図を作ることもできることがわかる。したがって，状態遷移図一つと状態遷移表と出力表のペアとは，1対1の関係にある。順序回路を設計する際，状態遷移図をまず作った後，これに基づいて状態遷移表および出力表を作成するのが普通の手順となる。

4.4 順　序　回　路

4.4.1 順序回路の構成

状態機械を回路として具体的に実現したものが順序回路である。**図 4.2** に順序回路の構成を示す。順序回路は，3章で説明した組合せ回路と，後で説明する記憶回路の二つからできている。

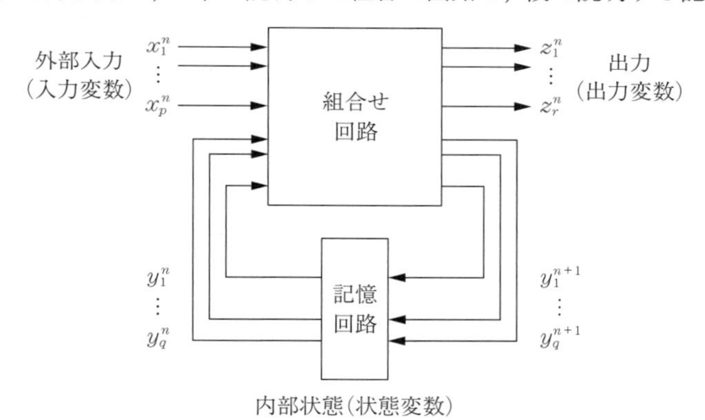

図 4.2　順序回路の構成

順序回路では，4.1.1項で説明した状態機械の五つの要素 I, O, S, δ, λ がそれぞれ適切に表現される。まず，最初の3要素つまり入力集合 I，出力集合 O，状態集合 S の三つについて考える。これらの各要素は，順序回路では論理値を取る変数として表現される。それぞれの集合について，各要素を区別して表現できる必要があるので，集合の大きさ（要素数）に応じた変数の数を要する。

図では，入力が p 個の変数 $x_1^n, \cdots, x_p^n$ で表されている。これらは論理値であり，$x_i^n (i = 1, \cdots, p)$ 一つが論理値（0か1）を取る変数である。これによって p ビットすなわち 2^p 種類の入力を区別して表現できる。変数の右肩の n は時刻を表し，時刻 t_n（$t = t_n$）での入力を意味する。

出力は，同様に r 個の変数 $z_1^n, \cdots, z_r^n$ で表現されており，同様に時刻 t_n での出力を意味する。これによって 2^r 種類の出力を表現できる。内部状態は q 個の変数 $y_1^n, \cdots, y_q^n$ で表現され，2^q 種類の状態を表現できる。

入力を表す変数 $x_1^n, \cdots, x_p^n$ を**入力変数**（input variable），出力を表す変数 $z_1^n, \cdots, z_r^n$ を**出力変数**（output variable），内部状態を表す変数 $y_1^n, \cdots, y_q^n$ を**状態変数**（state variable）と呼ぶ。

4.4.2 順序回路の動作

図 4.2 のような構造をもつ順序回路はつぎのように動作する。

ある時刻 t_n を考える。その時点での入力変数 $x_1^n, \cdots, x_p^n$ および $y_1^n, \cdots, y_q^n$ が，まとめて組合せ回路に入力される。組合せ回路は瞬時に回路の出力を計算し，これによって出力変数 $z_1^n, \cdots, z_r^n$ および状態変数 $y_1^{n+1}, \cdots, y_q^{n+1}$ が確定する。

以上から，$y_1^{n+1}, \cdots, y_q^{n+1}$ は，$y_1^n, \cdots, y_q^n$ とは一般に異なり，つぎの時刻 t_{n+1} における状態変数となる。つぎの時刻 t_{n+1} では，入力変数 $x_1^{n+1}, \cdots, x_p^{n+1}$ および状態変数 $y_1^{n+1}, \cdots, y_q^{n+1}$ が組合せ回路に入力されることになり，その結果として出力変数 $z_1^{n+1}, \cdots, z_r^{n+1}$ および状態変数 $y_1^{n+2}, \cdots, y_q^{n+2}$ が確定する（図中の n を 1 だけ増やすことに相当する）。時刻 t_n で確定した $y_1^{n+1}, \cdots, y_q^{n+1}$ がこのように t_{n+1} で使われるのである。

記憶回路の役割はここにある。時刻 t_n で確定した $y_1^{n+1}, \cdots, y_q^{n+1}$ を，つぎの時刻 t_{n+1} になるまで記憶し，実際に t_{n+1} になったときに，組合せ回路に入力する。図 4.2 では，状態変数が順序回路の内部で閉じた経路（フィードバック路）の上にあり，時刻 t_n の変数 y_i^n と，つぎの時刻 t_{n+1} の変数 y_i^{n+1} とが記憶回路を経由して結ばれて図示されている。時刻 t_n では $y_1^{n+1}, \cdots, y_q^{n+1}$ は記憶回路の右に位置するが，つぎの時刻 t_{n+1} では，これらは記憶回路の左に移動する。記憶回路は，時刻が一つ進むたびに，左にある記憶回路への入力を右に移動させ，これを永遠に繰り返す働きを行う。つまり，時刻の 1 単位分の時間だけ，記憶回路はその入力（状態変数）を記憶する。このような動作を実現するための仕組，つまり記憶回路の構成の仕方は後述する。

4.4.3 状態遷移関数と出力関数を表す論理関数

順序回路では，状態機械の五つの要素のうち入力集合，出力集合，状態集合の三つは，論理値をとる変数として表現されることを見た。残りの二つの要素は状態遷移関数 δ と出力関数 λ である。先述のとおり，状態遷移関数 δ は，現在の内部状態と入力からつぎの内部状態を計算する関数であり，出力関数 λ は，同様に現在の内部状態と入力から出力を計算する関数である。それぞれ，状態遷移表および出力表に対応することはすでに説明したとおりである。

順序回路では，状態遷移関数 δ は式 (4.3) のような論理関数として表現され，これもやはり**状態遷移関数**と呼ばれる。特に区別したいときは，**状態変数関数**（state variable function）と呼ぶ場合もある。

$$y^{n+1} = g(x_1^n, \cdots, x_p^n, y_1^n, \cdots, y_q^n) \tag{4.3}$$

出力関数λは，式 (4.4) に示すような論理関数として表現される。これも特に区別したいときは，**出力変数関数**（output variable function）と呼ぶことがある。

$$z^n = f(x_1^n, \cdots, x_p^n, y_1^n, \cdots, y_q^n) \tag{4.4}$$

これらの論理関数は，3 章に述べたように組合せ回路として実現される。図 4.2 中，組合せ回路と表記されている部分がそれにあたる。

4.5 記 憶 回 路

図 4.2 に示したように，順序回路は組合せ回路と記憶回路から構成される。組合せ回路は，4.4 節で述べたように状態遷移関数と出力関数を回路化したものだが，記憶回路は，状態変数を時刻の 1 単位の間，記憶する役割を果たす。本節では，このような働きをする記憶回路の構成の仕方について説明する。

4.5.1 フリップフロップ

フリップフロップ（flip-flop）とは，論理値を記憶する回路である†。**図 4.3** に **SR フリップフロップ**（SR flip-flop），動作表，およびこのフリップフロップを構成している否定論理和（NOR）の真理値表を示す。

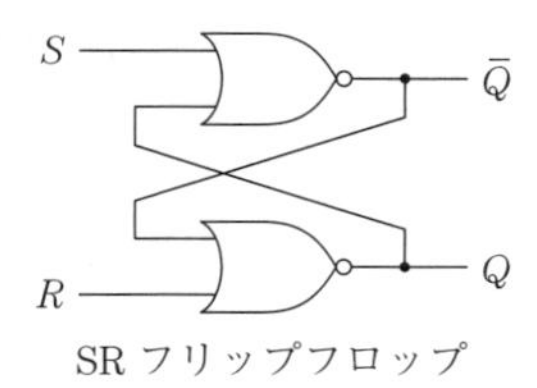

SR フリップフロップ

動作表

S	R	$Q(t+1)$
0	0	$Q(t)$
0	1	0
1	0	1
1	1	−

真理値表

X	Y	NOR
0	0	1
0	1	0
1	0	0
1	1	0

図 4.3 SR フリップフロップ，動作表，および真理値表

SR フリップフロップには二つの入力（S と R）と二つの出力（Q と $\overline{Q}$）がある。S, R に入力を行って回路を制御し，Q および $\overline{Q}$ が出力となってここから情報を取り出すようになっている。

なぜそうなるかはこの後で説明することにして，まず回路の使い方を説明する。回路のもつ機能は，S, R の二つの入力を使って，1 ビット分の記憶を制御することである。具体的には，$(S, R) = (1, 0)$ とすると，Q は 1 になる（セット動作）。また $(S, R) = (0, 1)$ とすると，Q は 0 になる（リセット動作）。この 2 種類の入力によって，Q を 1 と 0 のうちいずれか望みの値に変

† 記憶回路を指す用語にはいくつかの流儀がある。ある流儀では，後述するエッジトリガ型のものをフリップフロップと呼び，それ以外を**ラッチ**（latch）と呼ぶ。別の流儀では両方をラッチと呼び，エッジトリガでないものを特に透過型ラッチ（transparent latch）と呼ぶ。本書では，両者をフリップフロップと呼び，必要に応じてエッジトリガ型などの修飾詞を付ける。

えられる。その後，$(S, R) = (0, 0)$ にすると，その直前の Q の内容が Q に永久に保持，つまり記憶される。したがって $(S, R) = (0, 0)$ と入力を変えない限り，最後に Q に与えた論理値をいつでも取り出せる。なお $(S, R) = (1, 1)$ という入力は想定していない（禁止されている）。各入力に対する回路の動作を表現したのが，図の動作表である。つぎの瞬間の Q の値を $Q(t+1)$ と記しており，$(S, R) = (0, 0)$ の入力でこれが $Q(t)$ に一致することが保持動作を表す。

4.5.2　フリップフロップの動作の解析

SR フリップフロップが，なぜ上述のように 1 ビット分の記憶が可能なのかを考える。SR フリップフロップの回路構成は図 4.3 に見るように，否定論理和（NOR）を二つ使い，それぞれの出力をもう一方の入力の片方に帰還（フィードバック）した構造をもつ。NOR 自体は 3 章までに出てきたものと同じだが，3 章までは，出力が入力の一部になるような回路はなかった。この帰還の構造が，記憶を実現するうえで中心的な役割を果たしている。

動作を考えるため，今，Q が 1 であったとする。Q は，上側の否定論理和（以下 NOR）の入力でもあるから，そこにも 1 が入力されることとなる。図 4.3 の真理値表にあるように，NOR は二つの入力のどちらかに 1 が入れば出力はいつも 0 になるような素子である。したがって，$\overline{Q}$ の論理値は 0 になるだろう。反対に $\overline{Q}$ の値が 1 だったとすると，SR フリップフロップは上下対称な回路であるので，このときは Q が 0 になる。このように，通常，Q と $\overline{Q}$ の出力はつねに，たがいに異なるものとなる（これが $\overline{Q}$ の表記の理由である）。

さて，今，SR フリップフロップの入力を $(S, R) = (1, 0)$ とする。上述のように，NOR は片方でも 1 が入力されれば 0 を出力する。したがって今の場合，$S = 1$ であるので上側の NOR は 0 を出力することになる。結果，$\overline{Q}$ は 0 となる。この 0 は下側の NOR に $R = 0$ とともに入力される。その結果，下側の NOR は 1 を出力するだろう。したがって $Q = 1$ となる。上で見たように，$Q = 1$ なら $\overline{Q} = 0$ となるはずであるが，実際そうであったので，入力が $(S, R) = (1, 0)$ を保持し続ければ，この状態 $(Q, \overline{Q}) = (1, 0)$ はそのままとなる。このように，$(S, R) = (1, 0)$ とすることで，Q を 1 にセットできる。

逆に $(S, R) = (0, 1)$ としたとする。SR フリップフロップの回路は上下に対称なので，$(S, R) = (1, 0)$ のときの結果が反転されると考えればよい。したがってこのときは，$(Q, \overline{Q}) = (0, 1)$ となる。つまり，$(S, R) = (0, 1)$ とすれば Q を 0 にリセットできる。

最後に，$(S, R) = (0, 0)$ を入力したときのことを考える。この入力を行う直前の Q が $Q = 1$ だったとする。そのとき，上で述べたように $\overline{Q} = 0$ である。$Q = 1$ の出力は上側の NOR の入力となり，出力 $\overline{Q} = 0$ となる。一方 $\overline{Q} = 0$ は，下側の NOR の入力となり，このとき出力は 1 となって，$Q = 1$ とうまく整合する。つまり，帰還路を何周たどってみても，$(Q, \overline{Q}) = (1, 0)$ が成り立っていて，変化する必要がなく，この状態で安定していることがわかる。

一方で $(S, R) = (0, 0)$ を入力する直前の Q が $Q = 0$ だったとする。このときも回路の上下対称性から，$(Q, \overline{Q}) = (0, 1)$ は成立することが確かめられる。この状態は，帰還路を何周たどっても整合するからであり，やはり安定していることがわかる。

このようにして，$(S, R) = (0, 0)$ を入力するときは，その直前の Q の論理値（および $\overline{Q}$ の論理値）が，そのまま保持されるということがわかった。すでに述べた $(S, R) = (1, 0)$ および $(S, R) = (0, 1)$ の入力によって Q の値を 0 と 1 の間で選択し，その後 $(S, R) = (0, 0)$ を入力してその内容を永遠に記憶させるという動作が理解される。

なお，SR フリップフロップは，**図 4.4** のように否定論理積（NAND）素子を使って作ることもできる。

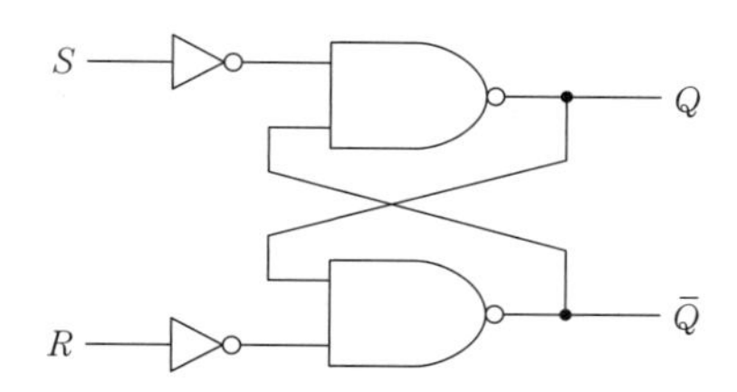

図 4.4 否定論理積（NAND）による SR フリップフロップ

4.5.3 クロック入力付きのフリップフロップ

4.5.2 項で述べたフリップフロップは，連続時間で動作するものである。一方，今考えている順序回路は同期式，すなわち回路は離散化された時刻 t_n 単位で動作し，状態の遷移が起こるようなものであった。これに伴い，図 4.2 に表した記憶回路は，離散時刻の移り変わりに連動して動作するものでなければならない。具体的には，ある時刻 t_n で確定し，記憶回路に入力されている次時刻 t_{n+1} の状態変数を，単位時間 Δt 間だけ保持し，実際に時刻が t_{n+1} になったときにその内容を記憶回路の出力とすることが必要である。

これを実現するのが，**図 4.5** に示す**クロック入力付きの SR フリップフロップ**[†]である。これ

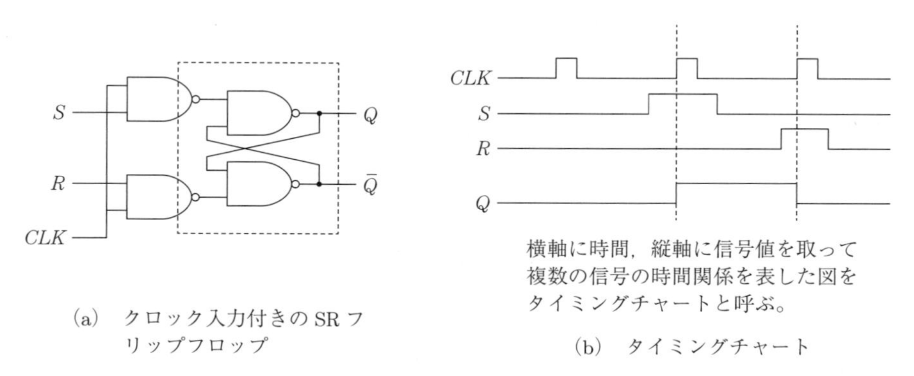

(a) クロック入力付きの SR フリップフロップ

(b) タイミングチャート

図 4.5 クロック入力付きの SR フリップフロップとタイミングチャート

† クロック信号のレベル（0 か 1 か）に応じて動作が変わるため，後述するようなクロック信号のエッジ（変化）に同期するエッジトリガ型と区別するため，**レベルセンシティブ**（level-sensitive）フリップフロップと呼ばれることもある。

は図のように，上で述べたフリップフロップの S と R の入力の前に論理積（AND）を配置し，その入力に S と R および外部からのクロック信号（CLK と表記）を組み合わせたものである。ここでは，図のような否定論理積で構成されたフリップフロップを用いる場合を示した。入力側の否定（NOT）と，新たに追加した論理積（AND）を統合して否定論理積（NAND）として表現していることに注意する。

クロック信号（clock signal）とは，図 (b) の**タイミングチャート**（timing chart，タイムチャート，time chart）に示すように，時刻刻み Δt の間隔で正確に発生するパルス状の信号である。パルスとパルスの間隔が単位時間 Δt であり，離散時刻に同期してパルスが永遠に繰り返し生じる。クロック入力付きのフリップフロップは，以下に述べるようにこれに同期して動作することで離散時刻への連動を実現しようとする。

そもそも論理積は，二つある入力の片方が 0 ならつねに 0 を出力し，1 ならもう一方の入力が出力される働きがある。そのため図 (a) のように，SR フリップフロップ入力直前に論理積を追加すると，入力 S, R がフリップフロップ内部へ伝わるのを許したり，あるいは妨げることができる。この制御を，クロック信号が行う。つまりクロック信号が 1 のときだけ，入力 S, R がフリップフロップ内部に伝わり，0 のときそれらは内部に伝わらない。したがって，図 (b) のタイミングチャートに示すように，例えば入力が $(S, R) = (1, 0)$ であるときに，クロック信号が 1 になれば，その瞬間に Q が 1 へとセットされる。また，入力が $(S, R) = (1, 0)$ のとき，同様にクロック入力が 1 になれば，その瞬間に Q は 0 へとリセットされる。クロック信号が 0 のときには，外部からの S, R 入力がどのように変化しようが，フリップフロップ内部には何も伝わらず（つまり $S = R = 0$ の保持動作に等しい），Q の値が保持されることとなる。

このクロック入力付きのフリップフロップを使うと，図 4.2 に示したような，同期式の順序回路のための記憶回路が実現できる。フリップフロップ一つにつき 1 ビット分の記憶を実現できるので，この記憶回路は，フリップフロップを状態変数の個数（ビット数）と同じ数だけ並列に使えばよい。順序回路に組み込まれた状態で，次時刻の状態変数 $y_1^{n+1}, \cdots, y_q^{n+1}$ が各フリップフロップへの入力 (S, R) に相当し，現時刻の状態変数 $y_1^n, \cdots, y_q^n$ がその出力 Q に相当する。後に，より詳細な状態変数と入出力の関係を示す。

しかしながら，このように同期式の順序回路で使用するには，上で述べたクロック入力付きのフリップフロップは万全なものとは言えず，正しく動作するためにはある前提条件が必要となる。それは，クロック信号のパルス幅が十分短く，そのパルス幅の時間内に S，R 入力が変化しない，ということである。図 4.2 の順序回路では，組合せ回路の出力のうち $y_1^{n+1}, \cdots, y_q^{n+1}$ が記憶回路への入力となるため，これらの出力が変化しないことが条件となる。

本章ではここまで，組合せ回路は入力が変化すると同時に，瞬間的に出力が変化し，確定すると考えてきた。しかし実際の回路ではそのようなことはなく，入力変化の後，必ずある長さの時間が経過した後に出力が変化し確定する。この時間遅れよりパルス幅が短いことが，今考えている順序回路が正しく動作する条件である。

この条件が満たされないと，つぎのような問題が生じる。クロック信号のパルスが0から1に変わった瞬間に，フリップフロップへの S, R 入力（つまり次時刻の状態変数）が内部状態 Q（つまり現時刻の状態変数）に反映される。その結果として，組合せ回路はその出力 $y_1^{n+1}, \cdots, y_q^{n+1}$ を変化させ，いずれ短い時間後にフリップフロップの S, R 入力が変化することになる。ここまではまったく正しい動作であり，必要なものなのだが，もしこの S, R 入力の変化が，クロック信号のパルスが1から0に戻る前に，つまり1である間に起こったとすると，その変化はフリップフロップ内部に伝わり，そのまま出力 Q をも変化させてしまうことになる。つまり，時刻が新しく切り替わる際，状態が一度だけ変化するのが正しい動作であるのに，順序回路の帰還路を経由して二度以上状態が変化してしまいかねない。これはまったく望まない動作である。

このような不正な動作を起こさないように，フリップフロップを改良する方法がいくつかある。その一つの方法であるマスタスレーブ型フリップフロップをつぎに説明する。

4.5.4　マスタスレーブ型フリップフロップ

マスタスレーブ型フリップフロップ（master-slave flip-flop）は，**図 4.6** のように 4.5.3 項で説明したクロック入力付きフリップフロップを二つ組み合わせて構成されたものである。前段のフリップフロップの出力が後段のフリップフロップの入力になっていることと，それぞれのフリップフロップへのクロック信号がたがいに反転されていることに特徴がある。

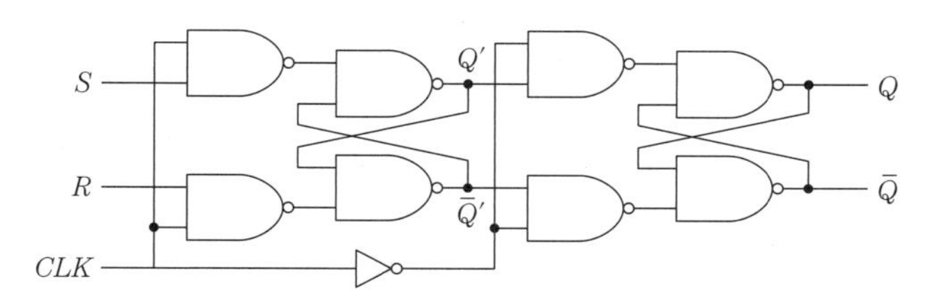

図 4.6　マスタスレーブ型 SR フリップフロップの回路図

この回路の動作を，**図 4.7** に示すタイミングチャートに従って説明する。まず全体の入力 S, R は，これまで同様，クロック信号が1のときのみ内部に伝わる。図のように $(S, R) = (1, 0)$ のとき，クロック信号が0から1に立ち上がった瞬間に，前段のフリップフロップの出力 Q' が1になる。

その後，クロック信号が1から0に変化する。0に変化した後では，入力 S, R は前段のフリップフロップへは届かないが，いずれにせよ Q' は直前の値を保持することとなり，今の場合は $Q' = 1$ である。このクロック信号の変化は同時に，クロック信号を反転した $\overline{CLK}$ と記された信号が入力されている後段のフリップフロップの動作に影響する。クロック信号が1から0に変化すると，それを反転した信号は0から1に変化し，これにより後段のフリップフロッ

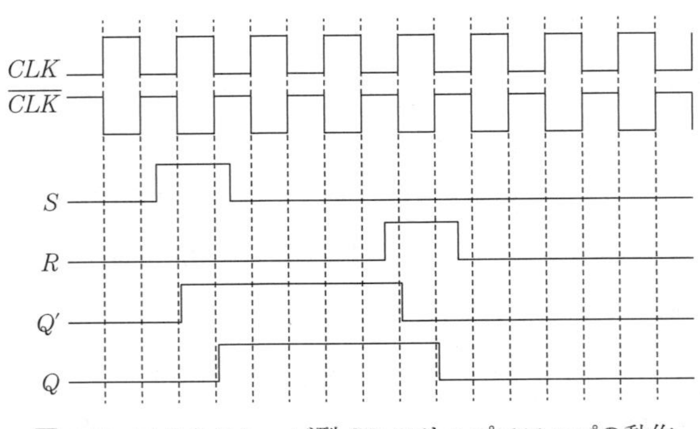

図 4.7　マスタスレーブ型 SR フリップフロップの動作

プ内部に Q' および $\overline{Q'}$ の値が伝わる。今 $Q'=1$, $\overline{Q'}=0$ であった。後段のフリップフロップから見ればこれはセット動作にあたり，つまり $Q=1$ となる。ここまでの変化をまとめると，入力 $(S,R)=(1,0)$ は，クロック信号が 1 から 0 に変化するタイミングで Q を 1 にセットしたことになる。

図のタイミングチャートでは，その後 $(S,R)=(0,1)$ が入力された場合の前段の出力 Q' および後段の出力 Q の変化も示されている。セットするときと基本的に同じで，クロック信号が 1 から 0 に変化するタイミングで Q が 0 にリセットされる。

マスタスレーブ型フリップフロップはこのように動作するので，上で述べた 1 段のみのクロック入力付きフリップフロップの問題点を回避できる。1 段のみのフリップフロップは，クロック信号のパルスが 0 から 1 になると即座に入力が出力に反映されるため，その変化が組合せ回路を経てただちに入力側に伝わってしまう可能性があり，誤動作につながる問題があった。マスタスレーブ型では，クロック信号が 0 から 1 に立ち上がる瞬間に入力が内部信号 Q' まで透過するが，クロック信号が 1 である間は後段のフリップフロップが保持状態なので，最終的な出力に入力は決して反映されない。それが最終出力に反映されるのは，クロック信号が 1 から 0 に戻るときである。そしてそのときには，入力は前段のフリップフロップにより阻止されるようになっているので，最終出力の変化が組合せ回路を経て即座に入力側に戻ってきても，それは拒絶される。このようにして，離散時刻が一つ進むごとに，記憶内容すなわち状態変数が確実に一度だけ変化するようにできる。

なお，入力 S, R が前段のフリップフロップの Q' に反映され始めるのは，上で述べたようにクロック信号が 0 から 1 に立ち上がる瞬間だが，マスタースレーブ型フリップフロップ全体として見れば Q' はあくまで内部信号であることに注意を要する。最終的に重要なのはこの瞬間ではなく，クロック信号が 1 から 0 に下がる直前であり，これが状態変化の瞬間である。クロック信号が 1 の間は Q' は入力信号に追従し続けるので，クロック信号が 1 から 0 に下がる直前における S, R 入力が，フリップフロップに取り込まれ，最終的な出力を決める。このように，クロック信号の変化を引き金として記憶内容を更新することを指して**エッジトリガ型**（edge-triggered）

と呼ぶ。これまで述べたようにクロック信号が1から0に下がるのに同期するものは特に**立下がりエッジ**（negative edge, falling edge）トリガ型と呼ばれる。前段と後段に入力するクロック信号を入れ替えることで，**立上がりエッジ**（positive edge, rising edge）トリガ型にすることもでき，これもよく用いられる。エッジトリガ型フリップフロップには，ほかにもいろいろな実現方法があるが，マスタースレーブ型フリップフロップはその最も基本的なものである。

4.5.5 フリップフロップの種類

4.5.4項で述べたエッジトリガ型**SRフリップフロップ**では，セット(S)とリセット(R)，およびビットの保持（記憶）がそれぞれ可能である（**図4.8**）。

このSRフリップフロップを基本として，ほかに何種類かのエッジトリガ型フリップフロップを構成することができる。そのうちの一つである**Dフリップフロップ**（D flip-flop）は，**図4.9**に示すように，クロック入力のほかには外部入力がDの一つだけしかなく，このD入力を1クロック信号の1周期分だけ保持するという簡単な動作をする。例えば，クロック入力の立上がりの瞬間のD入力をそのままQに出力し，そのほかの時間においてはQは変化しない。Dとは，dataないしdelayの頭文字である。

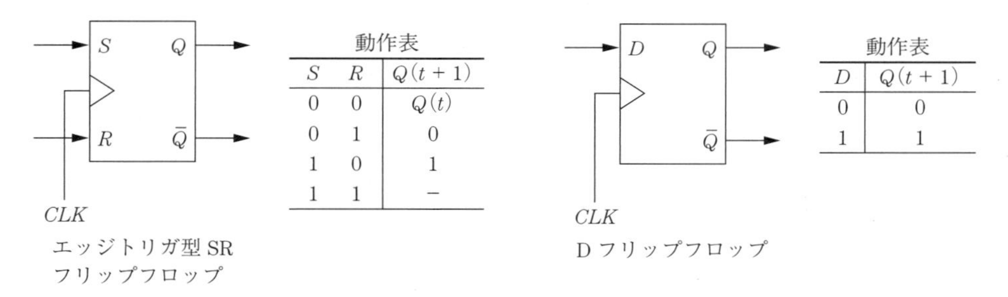

動作表

S	R	$Q(t+1)$
0	0	$Q(t)$
0	1	0
1	0	1
1	1	−

動作表

D	$Q(t+1)$
0	0
1	1

図4.8 エッジトリガ型SRフリップフロップと動作表

図4.9 Dフリップフロップと動作表

図4.10に示す**Tフリップフロップ**（T flip-flop）も，同様に入力がTの一つしかないが，Dフリップフロップと異なり，クロックに同期してTが1のとき，それまでの出力Qの否定を新たな出力Qとし，それ以外の時刻およびTが0のときはQを変化させない。$T=1$とするたび出力が反転することになるが，このような動作をトグル（toggle）動作という。

JKフリップフロップ（JK flip-flop）はSRフリップフロップの機能を継承し，さらに拡張したものである。**図4.11**のようにJ, Kの2入力をもつが，それぞれSRフリップフロップのS, R入力に相当し，$J=1$, $K=0$がセット，$J=0$，$K=1$がリセットに相当する。SRフリップフロップとの違いは，さらに$J=K=1$とすると，Tフリップフロップ同様のトグル動作を行うようになっている点である。

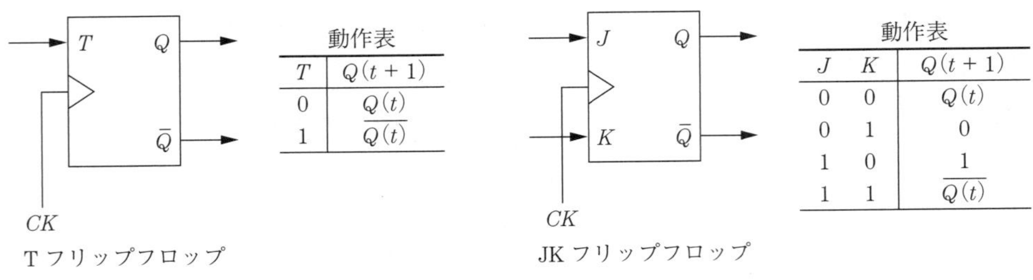

動作表

T	$Q(t+1)$
0	$Q(t)$
1	$\overline{Q(t)}$

動作表

J	K	$Q(t+1)$
0	0	$Q(t)$
0	1	0
1	0	1
1	1	$\overline{Q(t)}$

図 4.10　T フリップフロップと動作表

図 4.11　JK フリップフロップと動作表

章　末　問　題

【1】 スタートボタンとリセットボタンを備えたストップウォッチを考える。スタートボタンを押すと計時を開始し，もう一度押すと計時を停止する。さらにもう一度スタートボタンを押すと計時を再開する。このように，スタートボタンを押と計時と停止が交互に切り替わる。また，計時停止中にリセットボタンを押すと，表示が 00:00:00 にリセットされるとする。以上の動作を表す状態遷移図を書け。ただし，状態遷移は二つのボタンを押すことによってのみ起きるもの（つまり非同期式の状態機械である）とする。

【2】 **問図 4.1** は，例えば「01001101011･･･」のような論理値の系列を 1 ビットずつ受け取り，その内容に応じて内部状態を遷移させる状態機械の状態遷移図である。初期状態 S_1 から開始したとき，「0100」という系列を受け取ると $S_1 \to S_2 \to S_1 \to S_2 \to S_3$ と遷移しつつ，外部に「0000」という系列を出力する。この状態機械は，「0000」と 0 が四つ連続する系列を受け取ると，初めて 1 を出力する（対応する出力系列は「0001」となる)。これにならって，同様の入出力を受け取る状態機械で，「0011」という系列を受け取ったとき初めて 1 を出力し，それ以外では 0 を出力するものの状態遷移図を書け。

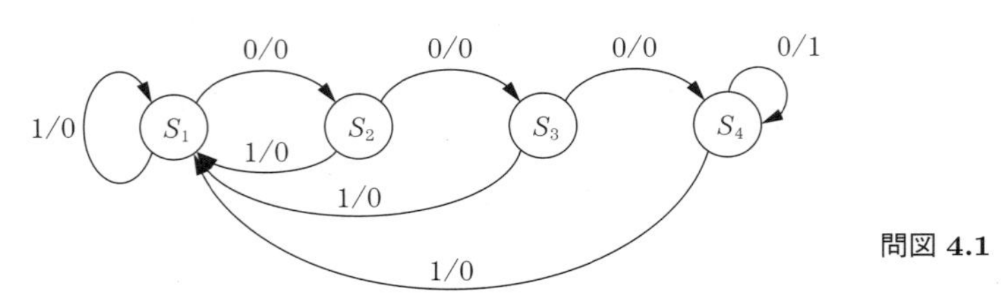

問図 4.1

【3】 二つのフロア間を往復するシンプルなエレベータの制御を行う同期式の状態機械を考える。エレベータのかごには上下二つのボタンがあり，また，かごがフロアにいるかいないかを判定するセンサが備わっている。さらに，かごを上下するモータがあり，これには上昇，下降，および停止の 3 通りの指令を与えることができる。このエレベータの動作を表すのに必要な状態，出力，入力をそれぞれ書き出し，さらに状態遷移図を書け。

【4】 図 4.9 の D フリップフロップは，図 4.8 の SR フリップフロップ一つと否定（NOT）一つを組み合わせて実現可能である。どのようにすればよいか，回路図を書け。

【5】 図 4.10 の T フリップフロップは，図 4.11 の JK フリップフロップ一つから作ることができる。その回路図を書け。

5 順序回路の設計と応用

本章では，順序回路の具体的な設計方法を説明する。4 章に続いて同期式の順序回路を中心に考える。

5.1 順序回路の設計の概要

順序回路は通常，①～⑥のような手順を踏んで設計する。

① 順序回路で実現したい機能を吟味し，その仕様を細部まで固める。具体的には，状態，入力および出力の各集合を確定し，状態遷移図を作成する。

② 前ステップで作成した状態遷移図に対し，状態数を減らせないかを検討する。

③ 状態遷移図をもとに状態遷移表と出力表を作成する。

④ 状態，入力および出力の各集合をそれぞれ符号化する。

⑤ その符号化に基づき，状態遷移表と出力表に対応する状態遷移関数と出力関数の真理値表を作成する。

⑥ 状態遷移関数と出力関数を実現する組合せ回路を設計する。

以下，これら一連の手順の中身を順番に説明していく。その説明のために，以下の例題を考える。

例 5.1 4 章で取り上げたものと同様の自動販売機を考える。ただし，仕様を一部つぎのように変更する。

- 受け付ける硬貨は 100 円硬貨 1 種類に限定する。
- 品物の価格は 300 円とする。
- 投入した硬貨を返却する返却ボタンを設ける。

この自動販売機に 100 円硬貨を 3 枚入れれば品物が出てくる。投入硬貨が 2 枚以下のときに返却ボタンを押すと，投入した硬貨がすべて返却される。

5.2 設計手順の詳細

5.2.1 状態遷移図の作成

最初に状態遷移図を描く。ここでの鍵は，目的とする機能を実現するのに，状態はいくつ必要なのか，また順序回路にとっての入力および出力は何かを判断することである。

今考えている自動販売機の場合，100 円硬貨が 3 枚投入されて初めて品物を出すのが仕様であるので，100 円硬貨の投入枚数を 2 枚までカウントし記憶する必要があるとわかる。まだ 1 枚も投入されていないことも表現できる必要があるので，必要な状態の数は三つということになる。すなわち，100 円硬貨が未投入，1 枚投入済み，2 枚投入済みの計 3 状態である。これらをそれぞれ S_1, S_2, S_3 と書くことにする。

使用者が自動販売機に対してとる行為は二つあり，100 円硬貨を投入するか，返却ボタンを押すかである。今，自動販売機は同期式の順序回路によって実現したいので，4 章で述べたように，順序回路への入力はこの二つに加えて，各時刻で何も入力がないというのも一つの入力として考える。したがって，入力は 3 種類あり，何も入力がないのを I_1，100 円硬貨が 1 枚投入されるのを I_2，返却ボタンを押すのを I_3 と書く。

使用者からの入力を受けてこの自動販売機が外へ向けて行う動作は，300 円分お金が投入されたときに品物を出すことと，300 円に満たない金額のときに返却ボタンが押されたのでお金を返却することである。お金の返却は，それまで投入した硬貨を自動販売機のしかるべき場所に保持しておき，それをそのまま使用者の側に返却することにする。このようなハードウェアを自動販売機がもつとすれば，返却の際にその金額が 100 円の場合と 200 円の場合があるが，この二つを区別する必要はない。そのように考え，さらに入力同様，何もしないという出力を追加すると，出力も 3 種類となる。何も出力しないのを O_1，品物を出すのを O_2，投入した硬貨を返却するのを O_3 と書く。

以上をまとめると**表 5.1** のようになる。

表 5.1　自動販売機の状態，入力および出力の全要素

状　態	硬貨未投入（S_1），100 円投入済み（S_2），計 200 円投入済み（S_3）
入　力	何もない（I_1），100 円硬貨 1 枚投入（I_2），返却ボタン押下（I_3）
出　力	何もない（O_1），品物を出す（O_2），投入金額返却（O_3）

このように順序回路の状態，入力および出力を洗い出すことができれば，状態遷移図を描くことができ，**図 5.1** のようになる。

ここで，図を使って自動販売機の動作を確認する。自動販売機は最初に状態 S_1（硬貨未投入）からスタートする。この状態で 100 円硬貨が 1 枚投入されたとすると（入力 I_2），状態 S_2（100 円投入済み）に遷移する。ここで 100 円硬貨がもう 1 枚投入されれば（入力 I_2），状態 S_3（計

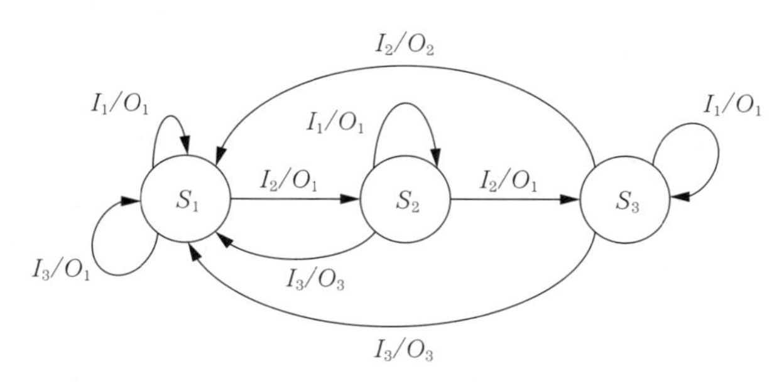

図 5.1　自動販売機の状態遷移

200 円投入済み）に遷移する。さらにもう 1 枚の 100 円硬貨が投入されると（入力 I_2），自動販売機は品物を出して（出力 O_2），最初の状態 S_1 に戻る。ここまでの過程では，最後の 3 枚目の 100 円硬貨投入時以外は，状態遷移時には何も出力しない（O_1）ことに注意する。また，各状態 S_2, S_3 にあるとき，返却ボタンを押下（I_3）されると，投入金額を返却し（O_3），やはり最初の状態 S_1 に戻る。さらに，各状態にあるとき，使用者が何もしなければ（対応する入力 I_1 が与えられたとし），状態遷移は起きず，また何も出力しない（これに対応する O_1 を出力する）。

今回の例では，各状態の役割から考えて，状態数を 3 より減らせないのは明らかである。しかし一般に，特に複雑なシステムの場合は，より少ない状態で同じ入出力関係を実現できる状態機械が存在する可能性がある。そのような例については付録 A.1 節で述べる。

5.2.2　遷移表と出力表の作成

状態遷移図を確定できたら，そこから状態遷移表および出力表を作成する。4 章で述べたように，状態遷移表および出力表のペアと状態遷移図とはたがいに 1 対 1 の関係にあるから，この作業は機械的に行える。

今の場合，図 5.1 の状態遷移図からただちに**表 5.2** の表が作成できる。ここで，状態遷移表，出力表ともに，各列が現在の状態に，および各行が入力にそれぞれ対応すること，そして表の中身は，状態遷移表ではつぎの時刻の状態を，出力表では遷移の際の出力をそれぞれ表すことを再度確認しておく。

表 5.2　自動販売機の状態遷移表および出力表

(a)　状態遷移表

	I_1	I_2	I_3
S_1	S_1	S_2	S_1
S_2	S_2	S_3	S_1
S_3	S_3	S_1	S_1

(b)　出 力 表

	I_1	I_2	I_3
S_1	O_1	O_1	O_1
S_2	O_1	O_1	O_3
S_3	O_1	O_2	O_3

5.2.3 状態・入力・出力の符号化

つぎに状態，入力，および出力の符号化を行う。ここまでの説明では，状態，入力および出力の各要素は，$S_1, S_2, \cdots$，$I_1, I_2, \cdots$，$O_1, O_2, \cdots$ のように記号によって表現してきた。このような記号に対して 2 進数の符号を割り当てる。以下では，状態を対象としてその符号化を説明するが，その説明は入力および出力にもそのまま当てはまる。

状態を符号化するためにまず，符号となる 2 進数は何ビットなければならないかを考える。今考えている例では，状態は S_1, S_2, S_3 の三つある。これらを 2 進数で表すには，少なくとも 2 ビット以上あればよい。2 ビットあれば，00, 01, 10, 11 の 4 通り表せるからである。一般に，n ビットの 2 進数は 2^n 個の数を表現できるから，状態が全部で m 個あるときは，$\log_2 m$ を超えない整数と同じビット数の符号を使えばよい。

符号のビット数が決まれば，具体的に各状態に符号すなわち 2 進数を割り当てる。このとき，符号の割当て方は複数あることに注意する。例えば

$$S_1 \leftarrow 00,\ \ S_2 \leftarrow 01,\ \ S_3 \leftarrow 10$$

とすることもできるし

$$S_1 \leftarrow 10,\ \ S_2 \leftarrow 00,\ \ S_3 \leftarrow 11$$

ともできる。ほかにも割当て方はある。その総数は，使用可能な符号の集合から状態の数だけ選んで並べる順列の数だけある。今の場合，三つの状態 S_1, S_2, S_3 に割り当てる符号を 00, 01, 10, 11 の四つの中から選ぶ順列の数，つまり $4 \times 3 \times 2 = 24$ 通りある。

基本的にはどのように符号を割り当てても，正しく動作する順序回路を実現することは可能である。その意味で各状態に対する符号の選び方は自由である。ただし，符号の選び方によって，最終的に実現される回路は一般に異なったものとなる。したがって，ある符号の選び方では論理回路が複雑化し，別な選び方では単純になるということが起こる。逆に言うと，回路を単純なものとするための符号の選び方が存在するということである。ここではこれ以上深くは議論しない。

状態だけでなく，入力および出力も同様に符号化を行う。ここでは状態を

$$S_1 \leftarrow 00,\ \ S_2 \leftarrow 01,\ \ S_3 \leftarrow 11$$

入力を

$$I_1 \leftarrow 00,\ \ I_2 \leftarrow 01,\ \ I_3 \leftarrow 11$$

出力を

$$O_1 \leftarrow 00,\ \ O_2 \leftarrow 01,\ \ O_3 \leftarrow 11$$

のように符号化することにする。

ここで，これら2ビットの符号の上位ビットと下位ビットを表す変数を導入する。具体的には，現在の状態を表す符号の上位ビットをy_1，下位ビットをy_2という論理値（0または1）を取る変数で表す。これにより，例えば$y_1 = 0$, $y_2 = 1$は状態S_2を表すということになる。その他の対応関係を**表 5.3**に示す。

表 5.3　状態の符号に対する変数の取り方

記号	符号	$y_1(Y_1)$	$y_2(Y_2)$	記号	符号	x_1	x_2	記号	符号	z_1	z_2
S_1	00	0	0	I_1	00	0	0	O_1	00	0	0
S_2	01	0	1	I_2	01	0	1	O_2	01	0	1
S_3	11	1	1	I_3	11	1	1	O_3	11	1	1

表に示すように，次時刻の状態を表す符号の上位ビットをY_1，下位ビットをY_2という変数で表す。さらに，入力の符号の上位ビットをx_1，下位ビットをx_2とし，出力の符号の上位ビットをz_1，下位ビットをz_2とする。これらの記号を以下で使用する。

5.2.4　状態遷移関数と出力関数の実現

以上の符号化の結果，表5.2の状態遷移表および出力表の各記号は，**表 5.4**に示すように符号で置き換えられる。表は，例えば$S_1 \leftarrow 00$や$O_2 \leftarrow 01$のように，割り当てた符号で記号を機械的に置き換えた様子を示す。

表 5.4　符号化に伴う状態遷移表および出力表の書換え

	I_1	I_2	I_3
S_1	S_1	S_2	S_1
S_2	S_2	S_3	S_1
S_3	S_3	S_1	S_1

$\Longrightarrow$

		x_1x_2			
		00	01	00	
y_1y_2	00	00	01	00	Y_1Y_2
	01	01	11	00	
	11	11	00	00	

	I_1	I_2	I_3
S_1	O_1	O_1	O_1
S_2	O_1	O_1	O_3
S_3	O_1	O_2	O_3

$\Longrightarrow$

		x_1x_2			
		00	01	11	
y_1y_2	00	00	00	00	z_1z_2
	01	00	00	11	
	11	00	01	11	

表5.4によって書き換えられた状態遷移表は，四つの変数y_1, y_2, x_1, x_2を与えたとき，次時刻の状態を表す二つの変数Y_1, Y_2が決まる様子を示す。同様に出力表は，同じ四つの変数y_1, y_2, x_1, x_2を与えたとき，出力を表す二つの変数z_1, z_2が決まる様子を表す。これらの表を，Y_1, Y_2, z_1, z_2の真理値表として改めて書き直すと**表 5.5**のような真理値表を得る。表中「×」は入力が定義されていないドントケアにあたる。符号化の際，10という符号を選ばなかったことに対応する。

表 5.5　現状態と入力に対する次状態，および出力を与える真理値表

y_1	y_2	x_1	x_2	Y_1	Y_2	z_1	z_2
0	0	0	0	0	0	0	0
0	0	0	1	0	1	0	0
0	0	1	0	×	×	×	×
0	0	1	1	0	0	0	0
0	1	0	0	0	1	0	0
0	1	0	1	1	1	0	0
0	1	1	0	×	×	×	×
0	1	1	1	0	0	1	1
1	0	0	0	×	×	×	×
1	0	0	1	×	×	×	×
1	0	1	0	×	×	×	×
1	0	1	1	×	×	×	×
1	1	0	0	1	1	0	0
1	1	0	1	0	0	0	1
1	1	1	0	×	×	×	×
1	1	1	1	0	0	1	1

表 5.5 は，4 章で説明した状態遷移関数と出力関数の真理値表にほかならない。今の例では，状態遷移関数は，現在の状態を表す y_1, y_2 および入力 x_1, x_2 をもとに，次状態 Y_1, Y_2 を決定する関数

$$\left.\begin{aligned} Y_1 &= g_1(x_1, x_2, y_1, y_2) \\ Y_2 &= g_2(x_1, x_2, y_1, y_2) \end{aligned}\right\} \tag{5.1}$$

であり，出力関数は，同じ 4 変数を取り，出力 z_1, z_2 を決定する関数

$$\left.\begin{aligned} z_1 &= f_1(x_1, x_2, y_1, y_2) \\ z_2 &= f_2(x_1, x_2, y_1, y_2) \end{aligned}\right\} \tag{5.2}$$

である。このように真理値表の形に表したものも**状態遷移表・出力表**（あるいは両者を合わせて状態遷移表）と呼ばれることがある。

5.2.5　組合せ回路の設計

最後に，3 章で述べた組合せ回路の設計方法に従って，5.2.4 項で求めた状態遷移関数および出力関数に対する回路を設計する。表 5.5 をもとにドントケアを活用し，状態遷移関数および出力関数の最も簡単な論理式を選ぶと

$$\left.\begin{aligned} Y_1 &= \overline{x_1} x_2 \overline{y_1} y_2 + \overline{x_2} y_1 \\ Y_2 &= \overline{x_1} x_2 \overline{y_1} + \overline{x_2} y_2 \end{aligned}\right\} \tag{5.3}$$

および

$$\left.\begin{aligned} z_1 &= x_1 y_2 \\ z_2 &= x_1 y_2 + x_2 y_1 \end{aligned}\right\} \tag{5.4}$$

を得る。これを回路図にしたのが**図 5.2** である。

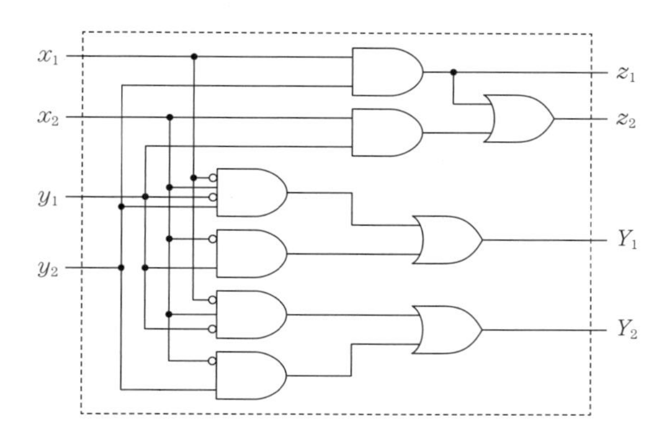

図 5.2 状態遷移関数および出力関数を実現した組合せ回路

5.2.6 順序回路の完成

ここまでの手順で，現在の状態と入力の二つをもとに，出力および次時刻の状態を計算する組合せ回路が実現された。この組合せ回路を記憶回路と組み合わせることで，順序回路が完成する。記憶回路は，組合せ回路から出力される次時刻の状態を，つぎの時刻になるまで保持し，実際につぎの時刻がきたらそれを現在の状態として組合せ回路に入力する。

この記憶回路は，4 章で説明したフリップフロップによって構成される。同期式の順序回路では，つねにクロック信号に同期して働くフロップフロップを使う。状態の遷移が，クロック信号に同期する記憶回路によって制御されることで，順序回路全体がクロック信号に同期して動作することになる。

4 章で説明したようにフリップフロップにはいくつかの種類があり，そのどれを使うかによって記憶回路の構成の仕方は異なる。なかでも最も簡単なのが**図 5.3** に示す D フリップフロップを使う方法である。この場合，状態変数 1 個につき D フリップフロップを一つ使い，次時刻の状態変数がその入力となり，出力が現在の状態変数となるように組合せ回路に接続する。4 章で説明したように，D フリップフロップの動作は，入力された信号をクロック信号の 1 周期分

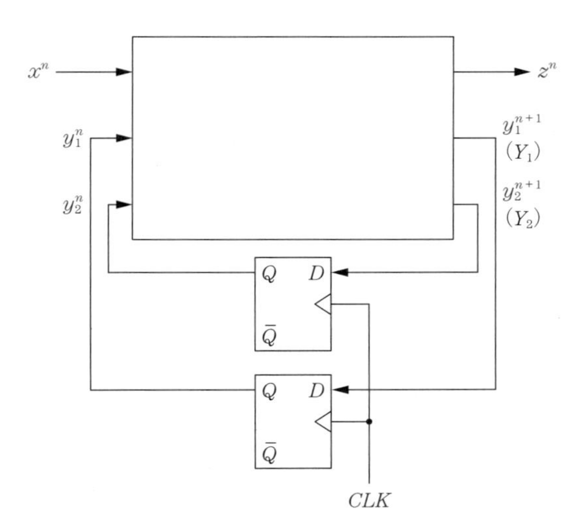

図 5.3 D フリップフロップを用いた記憶の実現

遅らせて出力するというものである。この働きがそのまま状態変数のつぎの時刻までの記憶を実現し，順序回路を望みどおり動作させる。

こうして順序回路は完成する。

5.3　基本的な順序回路

順序回路はコンピュータ内部の各所で使われるが，種々のコンピュータで共通に使われる基本的な回路がいくつかある。ここではそれらを説明する。

5.3.1　レ　ジ　ス　タ

コンピュータの内部では，フリップフロップを用いてデータを一時記憶する回路が非常によく使われる。機能や役割に応じてさまざまな回路があるが，一般に**レジスタ**（register）と総称される。最も基本的なものはDフリップフロップをそのまま利用するもので，通常，多ビットの2進数を同時に取り扱う必要性から，**図5.4**のように入出力が並列化されている。

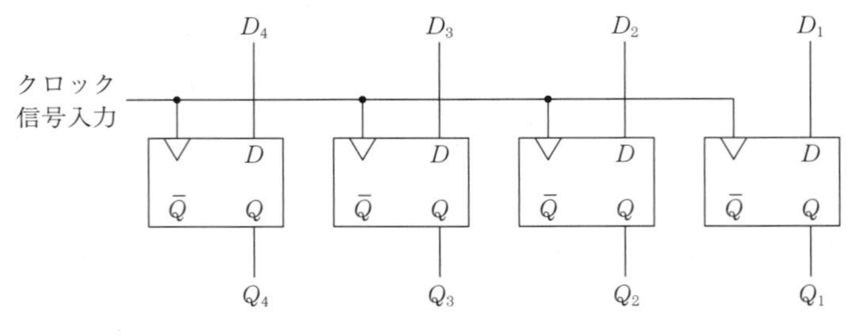

図5.4　4ビットレジスタ

5.3.2　シフトレジスタ

図5.4のレジスタとは異なり，複数のフリップフロップをカスケード（縦続）接続したものを**シフトレジスタ**（shift register）と呼ぶ。入力データがクロック信号に同期して，カスケード接続されたフリップフロップを移動（シフト）していくような回路である。

図5.5に四つのDフリップフロップを用いた4ビットシフトレジスタを示す。図中$D_{\rm in}$が回路への入力であり，これが一つ目のフリップフロップへの入力となる。このほかに外部から，すべてのフリップフロップに共通のクロック信号が入力されている。この構造によって，クロック信号のパルスが入力されるたびに，入力されたデータがフリップフロップを一つずつ移動していくことになる。

表5.6に4ビットシフトレジスタの入出力例を示す。二つの表はともに上から下へ，クロック信号に同期した時刻の経過を表し，入力$D_{\rm in}$と$Q_1, \cdots, Q_4$の変化の例を示している。表(a)

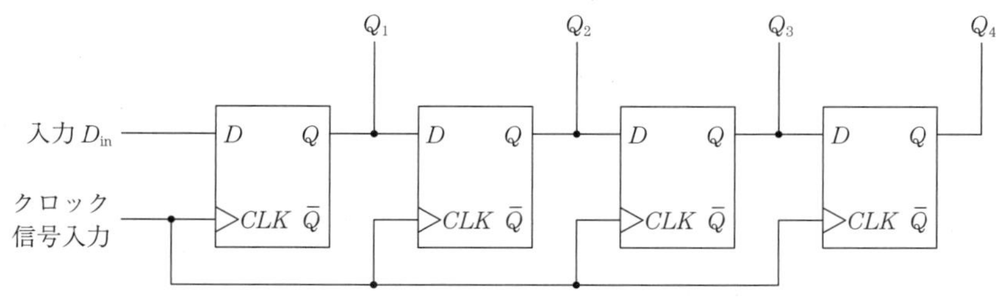

図 5.5 4 ビットシフトレジスタ

表 5.6 4 ビットシフトレジスタの入出力例

(a) 例 1

D_{in}	Q_1	Q_2	Q_3	Q_4
1	0	0	0	0
0	1	0	0	0
0	0	1	0	0
0	0	0	1	0
0	0	0	0	1
0	0	0	0	0

(b) 例 2

D_{in}	Q_1	Q_2	Q_3	Q_4
0	0	1	1	0
1	0	0	1	1
0	1	0	0	1
0	0	1	0	0
0	0	0	1	0
0	0	0	0	1

は，初期状態で全フリップフロップの記憶内容が 0（$Q_1 = Q_2 = Q_3 = Q_4 = 0$）のとき，入力 $D_{\rm in}$ に 1 を一度だけ入力したときの変化の様子である。入力した 1 が左から右に移動することがわかる。表 (b) は別の初期状態から開始し，途中で入力が行われた場合を示す。このようにシフトレジスタでは，記憶しているデータが 1 ビットずつ右にシフトしていく。

なお，ここで説明したシフトレジスタは，入力が 1 ビットで出力が複数（4 ビット）あるが，これを SIPO（serial-in parallel-out）のシフトレジスタと呼ぶ。このほかに，入力と出力がともに 1 ビット（Q_4 のみを外部に出力する）の SISO 型，ともに多ビットの PIPO 型，入力が多ビットで出力が 1 ビットの PISO 型がある。これらは入出力の扱い方が異なるだけで，基本的な動作はどれも同じである。

5.3.3 カウンタ

カウンタ（counter）とは，一般に数を数える回路のことだが，コンピュータ内部では特に，入力される信号のパルスの数を数える回路を指す。**リップルカウンタ**（ripple counter）と呼ばれる代表的な回路†について，4 ビットリップルカウンタの回路図を**図 5.6** に示す。図の左端から入力されるクロック信号のパルス数を数える回路となっている。

図の回路は，シフトレジスタ同様に D フリップフロップ（立上がりエッジトリガ型とする）がカスケード接続されている。ただし，各フリップフロップの $\overline{Q}$ 出力が，自らの D 入力に帰

† リップルカウンタは，各フリップフロップに与えられるクロック信号が同一のものではないため，厳密には同期式順序回路ではない。クロックパルスを数える**同期式カウンタ**（synchronous counter）が必要な場合は，5.3.1 項のレジスタの出力に 1 を加算する組合せ回路を作成し，その出力を再度レジスタに入力すればよい。

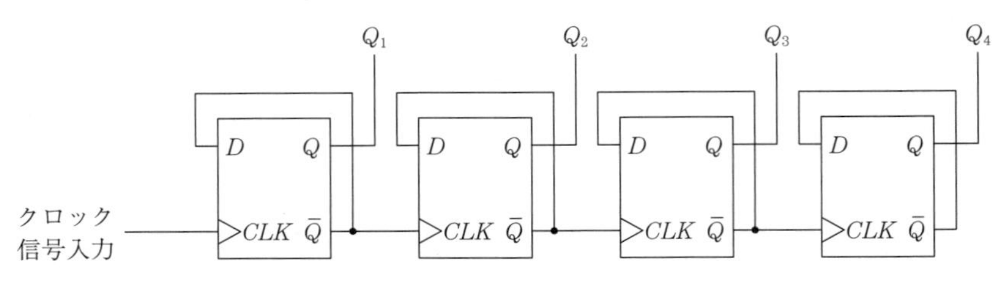

図 **5.6**　4 ビットリップルカウンタの回路図

還されるとともに，次段のクロック入力に接続されていることに特徴がある。初段のフリップフロップについてその動作を考えるとつぎのようになる。初期状態で $Q=0$ とすると $\overline{Q}=1$ である。ここで，クロックパルスが入力されると $Q=1$ になり $\overline{Q}=0$ となる。この $\overline{Q}$ は，D 入力に与えられるので，つぎのクロックパルスが入力されると，記憶内容は $Q=0$ に戻る。以降，クロックパルスが入力されるたびこれが繰り返され，初段のフリップフロップの Q（外部への出力 Q_1）は，

$$0 \to 1 \to 0 \to 1 \to \cdots$$

と変化する。このように初段フリップフロップは，クロックパルスが入力されるたびにその状態を変化させることがわかる。

2 段目のフリップフロップは初段と同じ構成をもつが，それへのクロック入力が初段フリップフロップの $\overline{Q}$ に接続されている点が異なる。つまり 2 段目のフリップフロップは，この $\overline{Q}$ の変化（$0 \to 1$）が 2 回起こるたびに，その状態を変化させる。したがって，外部からのクロック入力のパルスが 4 回やってくるたびに，状態を一度変化させることになる。3 段目以降のフリップフロップも同様であり，タイミングチャートは図 **5.7** に示すとおりになる。2 段目以降のフリップフロップのクロック入力には，前段のフロップフロップの出力 Q を反転した $\overline{Q}$ が与えられていることに注意する。

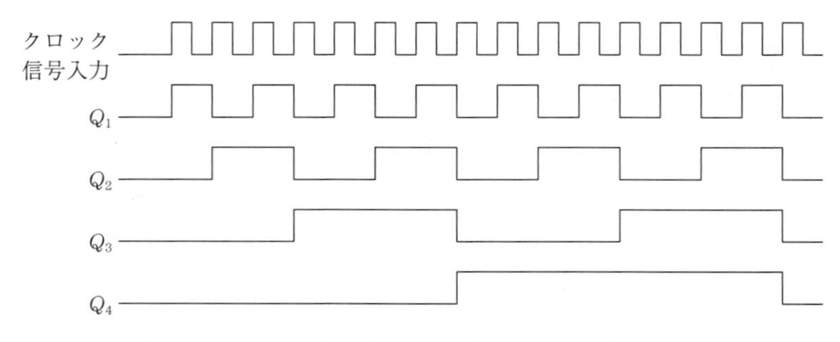

図 **5.7**　4 ビットリップルカウンタのタイミングチャート

この結果，この 4 ビットリップルカウンタの回路は，それまでに入力されたクロックパルスの数を 2 進数で表現したとき，その各ビットを下位ビットから順に Q_1, Q_2, Q_3, Q_4 にそれぞ

れ格納することになる。4 ビットの場合，初期状態の 1 個分を除いて $2^4 - 1 = 15$ 個までのパルスを数えられる。4 ビットリップルカウンタの動作を**表 5.7** に示す。

表 5.7　4 ビットリップルカウンタの動作

パルス数	0	1	2	3	4	5	6	7	8	9	A	B	C	D	E	F
Q_1	0	1	0	1	0	1	0	1	0	1	0	1	0	1	0	1
Q_2	0	0	1	1	0	0	1	1	0	0	1	1	0	0	1	1
Q_3	0	0	0	0	1	1	1	1	0	0	0	0	1	1	1	1
Q_4	0	0	0	0	0	0	0	0	1	1	1	1	1	1	1	1

章　末　問　題

【１】 4 章の問題【 2 】で考えた二つの状態機械（「0000」という系列を受け取ると，1 を出力するもの，および「0011」を受け取ると 1 を出力するもの）に対し，順序回路を設計し，回路図を書け。

【２】 本章で考えたのと類似の自動販売機で，150 円の品物を販売するものを考える。50 円と 100 円の 2 種類の硬貨のみを受け付けるものとし，投入金額が 150 円と同じか，超えると自動的に品物を出し，同時に正確な釣銭を返却する仕様とする。この自動販売機の動作を表現するのに必要な最小の状態数を決め，状態遷移図を書け。

【３】 問題【 2 】の自動販売機の順序回路を設計し，回路図を書け。ただし，ドントケアの存在を考慮し，なるべく簡単な回路とすること。

【４】 4 章の問題【 3 】のエレベータの制御を行う順序回路を設計し，回路図を書け。

6 コンピュータの構成とプログラムの実行 (1)

現在，世の中には多くの種類のコンピュータがあり，その内部構成も種類によりさまざまである。しかし，基本となる考え方は共通しており，一つのコンピュータについて一度深く理解しておくと，その知識は後に他のコンピュータについて学ぶときにも大いに役立つ。

本章および7章では，MIPS と呼ばれるコンピュータアーキテクチャを取り上げて，その構成と，プログラムの実行の様子を詳しく見ていく。MIPS は，現代的なプロセッサアーキテクチャの基本型ともいえる典型的なものであり，その命令体系も洗練されているため，最初に学ぶ命令セットとしては最適なものの一つである。

6.1 コンピュータの一般的な構成

コンピュータの一般的な構成を**図 6.1** に示す。演算処理の中心となる部分を**中央処理ユニット**（central processing unit, **CPU**），**マイクロプロセッサユニット**（microprocessor unit, **MPU**），あるいは単に**プロセッサ**（processor）と呼ぶ†。

演算の対象となるデータは，**メモリ**（memory）と呼ばれる記憶システムに保持される。メモリに保持されたデータをプロセッサが読み出し，演算処理を行った結果をメモリに書き込む。定められた「手順」に従ってこれを繰り返すことで複雑な計算を実行するというのが，コンピュータの基本的な動作となる。その「手順」は**プログラム**（program）と呼ばれ，データと同様にメモリに格納されている。これを**プログラム記憶**（**プログラム内蔵**，stored program）方式と

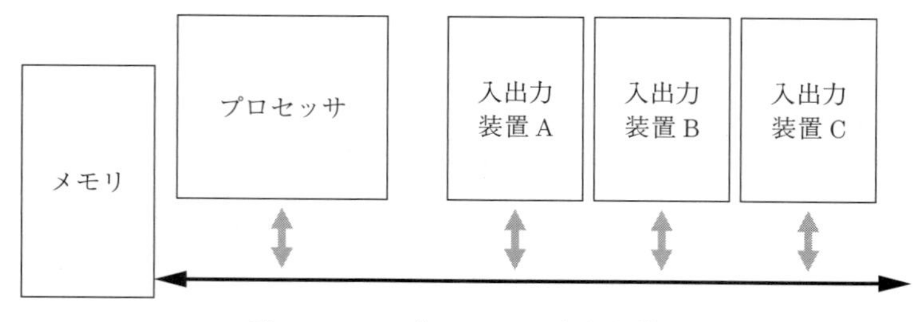

図 6.1 コンピュータの一般的な構成

† マイクロプロセッサあるいは MPU とは本来，単一の半導体チップ上に実現された CPU を指す用語であったが，そのような実現が当然となった現在では両者は区別なく用いられる。

呼ぶ。メモリ内のプログラムを入れ替えることで，同じコンピュータをさまざまな目的に利用できる。

プログラムは複数の**命令**（instruction）から構成されている。一つの命令はプロセッサが行うべききわめて単純な単一の作業（例えば，二つの数値を加算するとか，数値の記憶場所を移すとか）を指定する。これらの単純な命令を多数組み合わせることで，コンピュータは複雑な計算やデータ処理を実現することができる。

メモリとプロセッサの間でやり取りをすることで，狭い意味での「計算」，すなわち数値演算やデータ解析などは実行することができる。しかし，実際にコンピュータが行わなければならない仕事は，そのようなコンピュータ内で閉じた「計算」だけではない。ディスプレイやプリンタへの文字や図形の出力，キーボードやマウスによる入力の受付け，ネットワークを介した他の機器との通信など，外部との情報のやり取りも行わなくてはならない。このような機能を担う装置群を，まとめて**入出力装置**（input/output device, I/O device）と呼ぶ。

ハードディスクなどの磁気ディスク装置やCD-ROMなどの光学ディスク装置なども入出力装置に含まれる。これらも記憶システムの一種ではあるが，「計算」の最中に積極的に用いるものではなく補助的な役割を担う。この点を明確に表すため，「計算」に用いるメモリを**主記憶装置**（main memory）あるいは**1次記憶装置**（primary memory），入出力装置として扱われるものを**補助記憶装置**（auxiliary memory）あるいは**2次記憶装置**（secondary memory）などと呼ぶことがある。

以下では，ひとまず入出力装置については後回しにして，メモリとプロセッサの間のやり取りに注目する。入出力装置については付録C章で改めて議論する。

6.1.1 メ　モ　リ

メモリが物理的にどのようにできているかについては8章に譲るとして，まずはメモリがどのような機能を持っていてどのように動作するかを簡単に把握しておく。

メモリの一般的な構成を**図6.2**に模式的に表す。情報を記憶する小さな区画が集まったものであり，各区画に記憶された値を読み出したり，新たな値を書き込んだりすることができる。通常は8ビット（1バイト）を一つの区画の大きさとする。どの区画を読み書きするかを指定するため，各区画には**アドレス**（address）あるいは番地と呼ばれる番号が割り当てられている。

例えば，現在のパーソナルコンピュータには数ギガバイトの容量のメモリが搭載されているものが多い†。つまり，1バイトの情報を記憶する区画が数十億個用意されていることになる。

メモリにアドレス信号を与えてから，読み出しを指示する制御信号を与えることで，指定さ

† 単位の名前にキロ，メガ，ギガが付いた場合，一般にはそれぞれ10^3倍，10^6倍，10^9倍の大きさを表す。ただし，メモリなどの容量について用いる場合，1024倍，1024^2倍，1024^3倍の大きさを表すことも多い。2進数を扱う際に便利な2のべき乗数のうち，1000に最も近いものが使われるようになったと思われる。以下では誤解の恐れのない限り，これらを特に区別せずに書く。

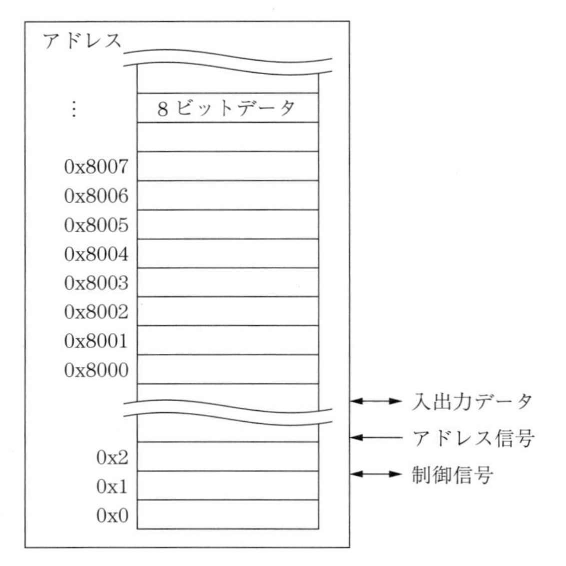

アドレスの若いほうが下に配置されている点に違和感を覚えるかも知れないが，MIPS アーキテクチャではこの方向に書くのが慣習となっている。

図 6.2　メモリの一般的な構成

れた区画に記憶されていた値をデータ信号線に読み出すことができる。同様に，データ信号線に書き込みたい値を与えるとともにアドレス信号を与えてから，書込みを指示する制御信号を与えることで，指定された区画にその値を書き込むことができる。読み出すことあるいは書き込むことをまとめて**アクセス**（access）するという。

メモリへのアクセスは，1 バイト単位だけではなく，2 バイト，4 バイトなどの単位でもまとめて行えることが多い。例えば，アドレスとして 0x8000 [†1] を指定して 4 バイトの読出しを行うと，0x8000，0x8001，0x8002，0x8003 の各区画に記憶された四つの 1 バイト値が連結され，4 バイトの値として読み出される [†2]。

6.1.2　プ ロ セ ッ サ

プロセッサの一般的な構成を図 **6.3** に示す。プロセッサは，各種の演算を実際に行う**算術論理演算ユニット**（arithmetic logic unit, **ALU**），演算に必要な一時的な記憶を行ういくつかの**レジスタ**（register），そしてそれらの動作タイミングを指定する**制御部**（control unit）などからなる。

コンピュータの仕組を理解しようとする際，つねに念頭に置いておくべき常識として「プロセッサに比べてメモリは遅い」というものがあげられる。数百メガバイトから数ギガバイトという大容量を経済的に実現するために，速度が犠牲になっていると考えるとわかりやすい。そ

---

†1　先頭に 0x の付いた数字は 16 進数であり，C 言語などで用いられる表記である。MIPS 用のアセンブラ（6.2 節）の多くでも用いられているため，以降ではこの表記を用いる。

†2　このとき，四つの値がどの順番で連結されるかはコンピュータの種類によって異なる。アドレス 0x8000 に保持されていた値が下位側になる方式を**リトルエンディアン**（little endian）と呼び，逆に上位側になる方式を**ビッグエンディアン**（big endian）と呼ぶ。両者を自由に切り替えることのできるコンピュータも多い。

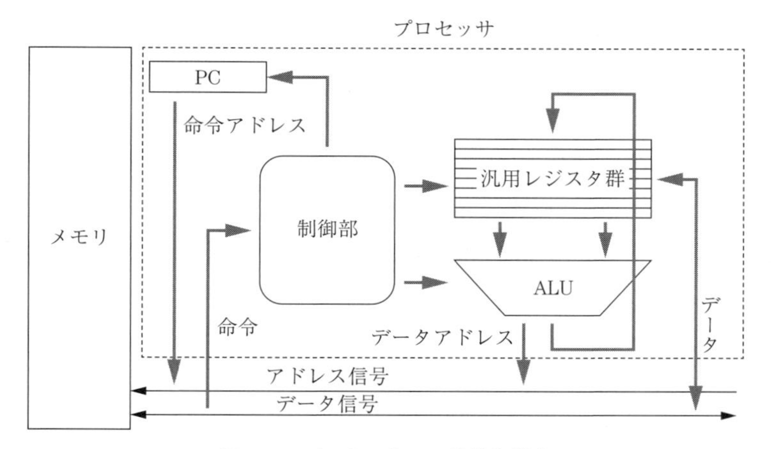

図 6.3　プロセッサの一般的な構成

のため，演算を行うたびにメモリにアクセスしていると，プロセッサは本来の速度で動作することができない。

一方，プロセッサ内のレジスタは，演算にかかる時間と同程度の時間で読み書きができるように設計される。プロセッサとメモリの速度差を吸収するため，近年のプロセッサは比較的多くのレジスタを用意し，計算の実行のために自由に使えるようにしている。このようにプログラムから自由に使えるレジスタは**汎用レジスタ**（general-purpose register）と呼ばれる。プロセッサ内部に用意されるレジスタは，容量も小さく，比較的高価な技術を用いて製造することができるため，メモリに比べると格段に高速に読み書きすることができる。したがって，近年のプロセッサでは，データがメモリから ALU に直接送られる設計はあまり見られず，いったんレジスタに転送された後に ALU によって使用されるのが普通である。ALU による演算結果も，まずはレジスタに保存される。

一つの命令を実行するための流れは以下のようになる。まずプロセッサは，メモリからの命令読み出し（**命令フェッチ**，instruction fetch）を行わなくてはならない。読み出すべき命令が置かれたアドレスを保持するレジスタを**プログラムカウンタ**（program counter, **PC**）または**命令ポインタ**（instruction pointer）と呼ぶ。通常，命令はメモリ内に実行順に並んでいるため，ある命令を読み出した後，PC の値は命令サイズ分だけ増分され，つぎの命令を読み出す準備がなされる。

読み出された命令はその内容を解釈（**命令デコード**，instruction decode）され，その結果に従って必要な操作が**実行**（execute）される。どのような命令が用意されているかはプロセッサの種類によって異なるが，メモリおよびレジスタの相互間のデータ転送，汎用レジスタ内の値に対する ALU による演算の実行，つぎに実行すべき命令のアドレスの変更などを行う命令は，ほぼすべてのプロセッサで用意されている。

プロセッサの規模を簡単に表すために，そのプロセッサが扱うデータの代表的なサイズを用いる場合がある。例えば，演算に使用される主要なレジスタが 32 ビット長で，ALU も基本的に 32 ビット長の値の計算を一度に行う場合，そのプロセッサは 32 ビットプロセッサと呼ばれる。パーソナルコンピュータやワークステーションなどの「いわゆるコンピュータ」や携帯電話，ゲーム機用のプロセッサとしては，近年は 32 ビットまた 64 ビットプロセッサが多く使用されている。一方，家電や通信機器，自動車などのさまざまな機器に組み込んで用いられるいわゆる**組込みプロセッサ**（embedded processor）は，8 ビット，16 ビット，32 ビットなどさまざまな規模のものが用いられている。

6.1.3 命令セット

プロセッサが実行できる命令の集合を**命令セット**（instruction set）と呼ぶ。実際には命令の種類だけではなく，プログラムから使用できる汎用レジスタの種類や，メモリアドレスの指定方法なども含めて命令セットと呼ぶのが通常である。つまり，プロセッサが理解することのできる「言語」の文法と語彙（ごい）を規定するのが命令セットであると考えるとよい。

プログラムから見たときにそのプロセッサがどのようなものであるかは，命令セットによって定まる。つまり命令セットは，プロセッサの構成や動作を，比較的高い抽象度で規定したものであるとも言える。このようなレベルでプロセッサの構成や動作を規定したものを，**命令セットアーキテクチャ**（instruction set architecture, ISA）と呼ぶ。それに対し，ある命令セットアーキテクチャを実際にどのような回路で構成するか，どのようなタイミングで動作させるかなど，より詳細レベルでの規定を，**マイクロアーキテクチャ**（micro architecture）と呼ぶ†1。

6.1.4 命令セットアーキテクチャの具体例

最近のパーソナルコンピュータ，携帯電話，ゲーム機の多くでは，以下のような 32 ビットあるいは 64 ビット命令セットアーキテクチャ†2のプロセッサが使用されている。

x86（Intel）：現在，ほぼすべてのパーソナルコンピュータ用のプロセッサとして使用されている。パーソナルコンピュータ以外にも広く用いられている。16 ビットプロセッサ 8086 として登場し，80186，80286，80386…と変遷したため 80x86，略して x86 と総称されるようになった。80386 で 32 ビットアーキテクチャに拡張された。80586 には Pentium（ギリシア語の penta (= 5) + ラテン語の語尾 ium）という名前が付けられ，以降は数字名で呼ばれることは珍しくなった。なお，Intel 社の正式の用語では **IA-32** と呼ぶ。

PowerPC（Apple/IBM/Motorola，現 Power.org）：以前は Apple 社のパーソナルコン

†1 例えば，Intel 社の Core シリーズと AMD 社の Athlon シリーズは，いずれも x86 と呼ぶ命令セットアーキテクチャを実現したものであるが，マイクロアーキテクチャはたがいにまったく異なっているとともに，同シリーズ内でも世代によってマイクロアーキテクチャは大きく異なる。

†2 厳密には，これらは命令セットアーキテクチャのファミリーとでも呼ぶべきものであり，実際にはさらに細分化されている。例えば MIPS ファミリーには，MIPS I，MIPS II，MIPS III，MIPS IV，MIPS32，MIPS64 と呼ばれる命令セットがある。

ピュータ用に使用されていたが，最近はx86プロセッサに取って代わられた。機器組込み用に広く用いられるほか，ゲーム機での採用も多く，PlayStation 3, Xbox 360, Nintendo Wiiなどで用いられている。

MIPS（MIPS Computer Systems，現Imagination Technologies）： Silicon Graphics, ソニー，NECなどのワークステーションや，PlayStation, PlayStation 2, Nintendo 64, PSPなどのゲーム機で多く採用されたほか，ネットワーク機器，ディジタルテレビ，DVDレコーダなどへの組込み用に広く採用されている。

ARM（Acorn Computers，現ARM）： 携帯機器に強く，携帯電話やタブレット端末用のプロセッサとして広く採用されている。ゲームボーイアドバンス，Nintendo DSなどの携帯ゲーム機でも用いられている。

SuperH（日立製作所，現ルネサスエレクトロニクス）： 国産アーキテクチャ。産業用機器の組込み用として広く採用されるほか，携帯電話への採用も多い。セガサターン，ドリームキャストなどのゲーム機にも用いられた。略称のSHでも知られる。

6.2 MIPSの命令セットとアセンブリ言語

以下では，32ビットMIPSアーキテクチャ[†]を取り上げて，プロセッサの動作を詳しく見ていく。MIPSアーキテクチャの概略構成を**図6.4**に示す。32ビットのALU，32本の32ビット汎用レジスタをもち，32ビットでメモリアドレスを指定する典型的な32ビットアーキテクチャである。1ワードは32ビットと定義されている。おもな命令には，演算命令，メモリの読み書きを行うロード命令・ストア命令，プログラム実行の流れを制御する条件分岐命令・ジャ

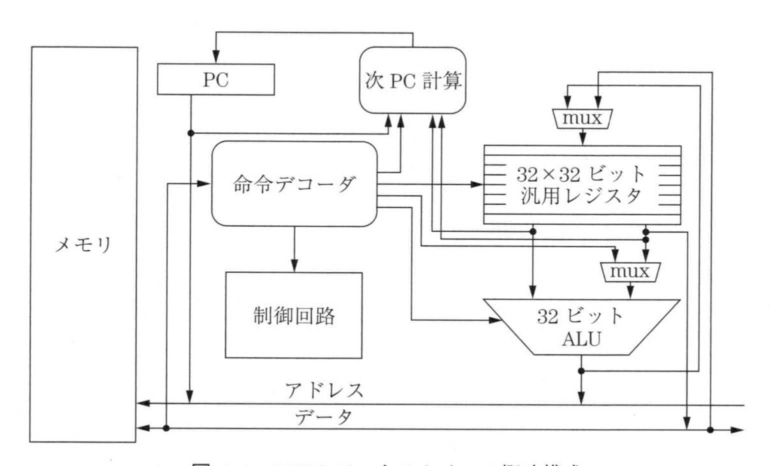

図6.4 MIPSアーキテクチャの概略構成

† MIPS I命令セットの一部を扱う。MIPSファミリーの最新の32ビットアーキテクチャMIPS32はMIPS Iの上位互換であるため，MIPS32の一部を扱っていると考えてもよい。読者は本書のサンプルプログラムなどを，MIPS32用のシミュレータなどで実行して動作を確認することができる。

ンプ命令などがある。

すでに述べたとおり，命令はメモリに記憶されるものであるから，その実体はビットの並びである。例えば MIPS で「レジスタ t0 の内容に整数 14 を加算し，結果をレジスタ t1 に保存せよ」という命令は以下のようなビット列で表される。

```
00100101 00001001 00000000 00001110
```

このようなビット列は**機械語**（machine language）と呼ばれる。

機械語のままでは人間には理解することも覚えることも困難である。そのため，より人間が読みやすい文字列（**ニーモニック**，mnemonic）に変換して書き表すのが普通である。上記の命令は以下のように表される。

```
addu $t1, $t0, 14
```

先ほどのビット列の先頭から順に，「001000」が「addu」に，「01000」が「$t0」に，「01001」が「$t1」に，そして残る「00000000 00001110」が定数「14」にそれぞれ対応する。ニーモニックによって表された命令を並べたものは，**アセンブリ言語**（assembly language）と呼ばれる。

C や FORTRAN などの**高水準言語**（**高級言語**，high-level language）で書かれたプログラムは，**コンパイラ**（compiler）と呼ばれるソフトウェアによってアセンブリ言語に変換され，さらに**アセンブラ**（assembler）と呼ばれるソフトウェアによって機械語に変換される。コンパイラの詳細は 9 章で学ぶこととして，以下ではアセンブリ言語を使って，MIPS の命令のうち主要なものについて高水準言語のプログラムと対比しながら順次説明していく†。本書で取り上げる命令の一覧およびアセンブリ言語と機械語との対応については 7.4.2 項にまとめて掲載する。本章と 7 章を読み進めながら適宜参照されたい。

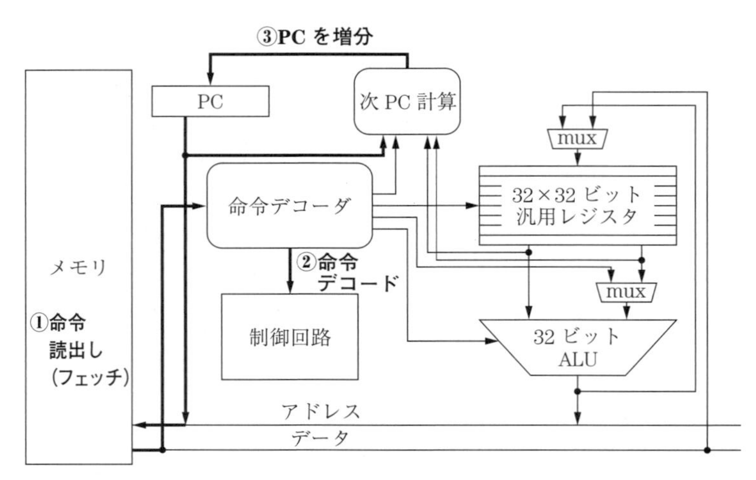

図 6.5　命令フェッチとデコードの動作

† 読者には何らかの手続き型プログラミング言語の基礎知識があるものと仮定する。実際の記述は C 言語の文法に従うが，C に詳しくない読者でも理解できるよう，その文法についても最低限の説明を適宜行う。

いずれの命令の場合でも，**図 6.5** に示すように① PC（プログラムカウンタ）が指すアドレスから命令が読み出され，② **命令デコーダ**（instruction decoder）と呼ぶ組合せ回路がその内容を解釈するとともに，③ 後続命令の読み出しに備えて PC が増分される。その後の動作は，解釈された命令の内容によって異なる。**制御回路**（control circuit）は，このような逐次的な動作を制御する信号を生成する順序回路である。

6.3　MIPS の命令と動作：演算命令

6.3.1　レジスタ間の演算

まず，すべての値はメモリではなくレジスタに置かれていると考えて，それらの値の間での演算がどのように行われるか見ていく。

C 言語で，整数型の変数 a と b の加算結果を c に代入するには

```
c = a + b;
```

と書く。変数 a, b, c がそれぞれレジスタ a, b, c に割り当てられているとすると，命令

```
addu $c, $a, $b          # c ← a + b
```

によって実行できる（「#」以下は説明用のコメントであり命令の一部ではない）。

addu は実行すべき演算の種類を表し，**オペコード**（opcode, operation code，演算コード）と呼ばれる。ここでは加算を指示している。続いて並んでいる三つの記号は演算の対象を表し，**オペランド**（operand）と呼ばれる。最初の一つは結果の格納先を指定するもので，出力オペランドと呼ばれる。残りの二つを入力オペランドと呼ぶ。オペランドの先頭に「$」が付いている場合，レジスタ名を表すと約束する。

このようにレジスタとレジスタの間の演算は，つねに三つのオペランドを指定することによって行われる。より複雑な計算も，このような 3 オペランドの命令に分解されて実行されることになる。

例題 6.1　C 言語のプログラム

```
e = (a + b) - (c + d);
```

をアセンブリ言語に変換せよ。ただし，整数型の変数 a～e がそれぞれレジスタ a～e に割り当てられているとする。減算のオペコードは subu である。必要であれば，レジスタ a～e のほかにレジスタ t を自由に使用してよい。

【解答】 以下のように実行できる。

```
addu $e, $a, $b      # e ← a + b
addu $t, $c, $d      # t ← c + d
subu $e, $e, $t      # e ← e - t
```

レジスタ t のように，計算手順の都合上，一時的に値を割り当てられたレジスタを**一時レジスタ**（temporary register）と呼ぶ。 ◇

ここまでに出てきた addu，subu はそれぞれ add unsigned，subtract unsigned の略であり，符号なし数として加算・減算を行う命令である。同様に，2 の補数表示の符号付き数として加算・減算を行う命令として add と sub が用意されているが，1 章で学んだように，2 進数の加算・減算の手順は符号なしでも符号付きも変わらない。実は両者の違いは，演算結果にオーバーフローが生じたときに例外処理[†1]を行うかどうかだけである。C 言語のプログラムをコンパイルする場合は，オーバーフローは無視してもよいことになっているので，addu，subu を用いるのが一般的である。

一方で，符号付きかどうかで演算結果が異なる命令もある。大小比較演算を行う slt（set on less than），sltu（set on less than unsigned）命令がその典型例であり，以下のように書く。

```
slt  $c, $a, $b      # 符号付きで a < b なら c ← 1; そうでなければ c ← 0
sltu $c, $a, $b      # 符号なしで a < b なら c ← 1; そうでなければ c ← 0
```

レジスタ a，b がそれぞれ 0x0000 00001, 0xffff ffff を保持していたとすると，符号付きでは a > b であるが，符号なしでは a < b である。したがって，slt 命令はレジスタ c を 0 にセットするが，sltu 命令は 1 にセットする。

同様に比較を行う命令として sgt，sle，sge（それぞれ符号付きで greater than, less than or equal, greater than or equal の比較），sgtu，sleu，sgeu（それぞれ符号なしで同様の比較）なども使用することができる。ただし，slt や sltu と異なり，実際の機械語命令としては存在しない。これらは**マクロ命令**（macro instruction）と呼ばれ，アセンブラが自動的に実在する命令の組合せに変換するものである[†2]。

同じ形式の命令としては，ほかにビットごと論理演算命令やシフト演算命令がある。**ビットごと論理演算**（bitwise logical operation）命令は，二つの入力オペランドの同位置のビットどうしに各論理演算を施したものを演算結果とする。論理積，論理和，排他的論理和，否定論理和などの命令が用意されている。C 言語では 2 項演算子 `&`（and），`|`（or），`^`（xor），および単項演算子 `~`（not）の組合せで以下のように表現される演算である。

---

†1 割込み（例外）という機構を用いる（付録 C.4 節，D.3 節）。

†2 sgt は slt の入力オペランドの順序を入れ替えることで実現できる。sge は slt の結果を反転することで実現できる。

```
and $c, $a, $b      # c ← a & b
or  $c, $a, $b      # c ← a | b
xor $c, $a, $b      # c ← a ^ b
nor $c, $a, $b      # c ←  ~(a | b)
```

シフト演算命令としては，左論理シフト，右論理シフトなどの命令が用意されている。C 言語では

```
y = x << b1;
z = x >> b2;
```

と書くと，変数 x を $b1$ ビット左シフトした結果が変数 y に保存され，x を $b2$ ビット右シフトした結果が変数 z に保存される。今，例えば $b1 = 2$，$b2 = 3$ だったとすると，1 章で学んだとおり（x が正の数であり，かつオーバーフローが起こらない範囲では）x の値の 4 倍が y に，x の値の 1/8 倍が z に保存されることになる。

これを MIPS 命令で行うには

```
sll $y, $x, $b1    # 左論理シフト (shift left logical)
srl $z, $x, $b2    # 右論理シフト (shift right logical)
```

とする†。いずれも，一つ目の入力オペランドの値を，二つ目の入力オペランドで指定された量だけシフトし，出力オペランドに保存する。

6.3.2 レジスタの種類

さて，ここまでは便宜上，レジスタ名として変数名をそのまま用いてきたが，実際には MIPS には a, b, c などのような名前のレジスタは存在しない。ここで MIPS の汎用レジスタについて説明しておく。

MIPS は 32 ビットプロセッサであり，各命令は基本的に 32 ビット長の 2 進数の演算を行う。演算に利用するものとして，32 ビット長の汎用レジスタが 32 本用意されている。各レジスタには 0〜31 の番号が与えられ，名前として用いることができる。よって，実際の加算命令は例えば以下のようになる。

```
addu $10, $8, $9       # 10 番レジスタ ← 8 番レジスタ + 9 番レジスタ
```

このように番号でレジスタを指定してもよいのだが，少々わかりにくい。MIPS では，それぞれのレジスタの役割に応じて，**表 6.1** のとおり別名を定義している。これらの別名を用いると先ほどの加算命令は

† このほかに右算術シフト命令と呼ばれるものが存在するが，本書では扱わない。C 言語の右シフト演算子が右論理シフトに対応するのか右算術シフトに対応するのかは，状況によって異なる。

表 6.1　MIPS のレジスタ一覧

レジスタ番号	別　名	役　　割
0	zero	つねに 0
1	at	予約（アセンブラ用）
2 ··· 3	v0 ··· v1	関数呼出しの戻り値用
4 ··· 7	a0 ··· a3	関数呼出しの引数用
8 ··· 15	t0 ··· t7	一時レジスタ（呼出し側退避）
16 ··· 23	s0 ··· s7	変数用レジスタ（被呼出し側退避）
24 ··· 25	t8 ··· t9	一時レジスタ（呼出し側退避）
26 ··· 27	k0 ··· k1	予約（OS 用）
28	gp	グローバルポインタ
29	sp	スタックポインタ
30	s8	変数用レジスタ（被呼出し側退避）
31	ra	関数呼出しからの戻りアドレス保存用

```
addu $t2, $t0, $t1        # t2 ← t0 + t1
```

と書ける。

0 番レジスタ（zero）は，つねに値 0 が読み出される特殊なレジスタである（その意味では物理的にはレジスタではない）。31 番レジスタ（ra）については 7.2 節で説明する。その他のレジスタ 1～30 番の「役割」は，じつは単なるソフトウェア上の「約束事」にすぎず，ハードウェアとしては何の違いもない。これらの約束については必要に応じて適宜述べていくとして，当面は s0～s8 を変数への割当てに，t0～t9 を一時レジスタに用いることにする。

例題 6.2　C 言語のプログラム

```
y = x;
z = 0;
```

をアセンブリ言語に変換せよ。ただし，整数型の変数 x, y, z がそれぞれレジスタ s0, s1, s2 に割り当てられているとする。

【解答】　例えば，以下のように実行できる。

```
or  $s1, $s0, $zero       # s1 ← s0 | 0
or  $s2, $zero, $zero     # s2 ← 0 | 0
```

ここでは，レジスタ zero がつねに 0 を返すことを利用している。「例えば」と書いたとおり，or 命令のかわりに addu, subu, sll を使うなど，同じ効果を得る方法は多数ある。　◇

例題 6.2 のようなレジスタの値を他のレジスタに移す操作は，実際のプログラムにおいて頻繁に用いられる。これを毎回 zero レジスタを用いて書いていては可読性が悪い。そこで，MIPS アセンブリ言語では以下のようなマクロ命令が用意されている。アセンブラが上記のような zero レジスタを用いた命令に置き換えて機械語に変換する。

```
move $s1, $s0            # s1 ← s0
```

レジスタ間演算命令の動作を**図 6.6** に示す。命令がフェッチおよびデコードされた後，①命令デコーダ回路から出力されるレジスタ番号に従って 2 個のレジスタの値が読み出され，②同じく，命令デコーダから出力される演算種別を表す数値に従って ALU が演算を実行する。③演算結果は，やはり命令デコーダが指定する番号のレジスタへ保存される。

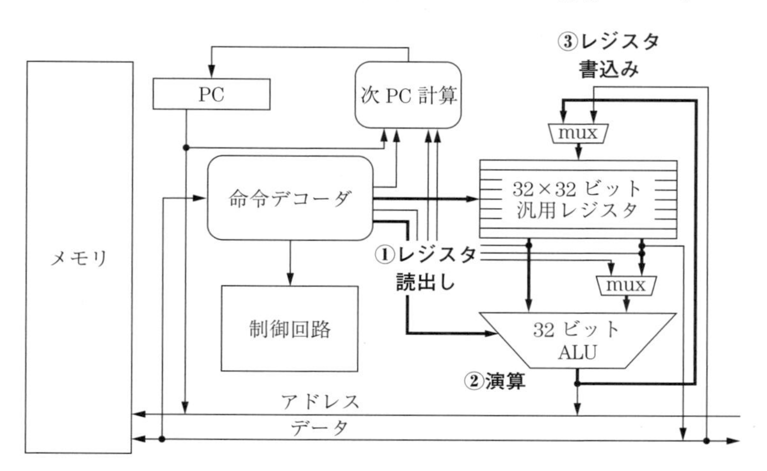

図 6.6　レジスタ間演算命令の動作

6.3.3　即　値　演　算

プログラム中では，例えば

```
y = x + 100;
```

のように定数を演算に用いたい場合も多い。MIPS ではこれを

```
addu $s1, $s0, 100     # s1 ← s0 + 100
```

のように実行できる。ただし，変数 x，y がそれぞれレジスタ s0, s1 に割り当てられているとした。

このように命令内に収められ，演算に直接用いられる定数を**即値** (immediate) と呼ぶ。MIPS では，これまでに述べた各演算命令の二つ目の入力オペランドとして即値を取ることができる。一つ目の入力オペランドは必ずレジスタでなくてはならないことに注意する。

レジスタ間演算命令の addu と即値演算命令の addu は，同じ名称を使っているものの，動作は異なっており，本来は別の命令と理解すべきである。実際，機械語で表したときのビット列はまったく別のものとなっている[†1,†2]。

例題 6.3　レジスタ s0 に定数 100 を保存する MIPS 命令を示せ。

【解答】 zero レジスタを利用することで，例えば

```
or $s0, $zero, 100        # s0 ← 0 | 100
```

のような即値演算により実現することができる。もちろん or 以外にも多数の解がある。　◇

例題 6.3 のように，レジスタに定数を保存する動作も頻繁に出現するため，MIPS にはこれを行うマクロ命令 load immediate が用意されており，以下のように用いる。

```
li $s0, 100               # s0 ← 100
```

即値演算命令の動作を**図 6.7** に示す。基本的にはレジスタ間演算命令と同様だが，ALU への入力のうち一方が，レジスタからではなく命令デコーダから直接送られる点が異なっている。

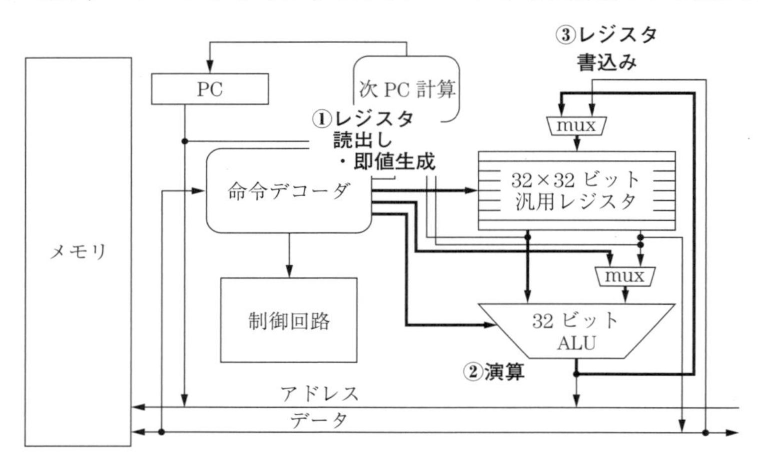

図 6.7　即値演算命令の動作

6.3.4　命令の組合せ例：ビット操作

ここまでのまとめと演習を兼ねて，複数命令の組合せで実現される少し複雑な例を見ていく。具体的には，シフト命令や論理演算命令を駆使して，レジスタ内の各ビットを個別に操作する例を考える。

---

†1　MIPS の仕様書上は，レジスタ間演算命令は addu，即値演算命令は addiu（add immediate unsigned）と区別されている。しかし，MIPS 用のアセンブラの多くは二つ目の入力オペランドが即値かレジスタかを自動で判別するため，アセンブリ言語上で addu と addiu を書き分ける必要はない。本書ではどちらも addu と書くこととする。他書ではこれらが区別されている場合もあるので注意されたい。

†2　即値演算の一部はマクロ命令である。例えば，`subu $s1, $s0, 10` は `addu $s1, $s0, -10` と等価であり，別々の機械語命令として実装する必要がない。

例題 6.4　C 言語のプログラム

```
x = x | (1 << b1);
x = x & ~(1 << b2);
x = x ^ (1 << b3);
```

をアセンブリ言語に変換せよ。ただし，整数型の変数 x，$b1$，$b2$，$b3$ がそれぞれレジスタ s0, s1, s2, s3 に割り当てられているとする。一時レジスタ t0, t1 を使用してよい。

【解答】　まず，このプログラムがどのような処理をしているかを把握しておく。各演算子の意味は，ビットごと論理演算のところで説明したとおりである。以降では，最下位ビットを 0 ビット目，最上位ビットを 31 ビット目と数えることにする。

1 行目では，`(1 << b1)` の部分で 1 を $b1$ ビットだけ左シフトしている。10 進数「1」は，0 ビット目だけが 1 で，他のビットはすべて 0 なので，$b1$ ビット左シフトすることで，$b1$ ビット目だけが 1 であるようなビット列が作られる。これと x とのビットごと論理和を取り，結果で x を上書きしている。1 との論理和はつねに 1 になり，0 との論理和は元の値を変化させないことを思い出すと，この命令によって x の $b1$ ビット目を 1 に更新する操作が行われることがわかる。

同様に 2 行目では，$b2$ ビット目だけが 1 であるようなビット列を作った後，ビットごと否定をすることで，$b2$ ビット目だけが 0 で残りはすべて 1 であるようなビット列ができあがる。これと x のビットごと論理積が取られることによって，x の $b2$ ビット目を 0 に更新する操作が行われる。

最後の行では，$b3$ ビット目だけが 1 であるようなビット列を作ってから，x とのビットごと排他的論理和を取っている。1 との排他的論理和は元の値を反転させる作用をもち，0 との排他的論理和は元の値を変えないことから，この命令によって x の $b3$ ビット目を反転する操作が行われる。

アセンブリ言語では，以下のような命令列が対応する。

```
li   $t0, 1             # t0 ← 1

sll  $t1, $t0, $s1      # t1 ←  (1 << b1)
or   $s0, $s0, $t1      # s0 ← s0 | t1

sll  $t1, $t0, $s2      # t1 ←  (1 << b2)
nor  $t1, $t1, $zero    # t1 ←  ~t1
and  $s0, $s0, $t1      # s0 ← s0 & t1

sll  $t1, $t0, $s3      # t1 ←  (1 << b3)
xor  $s0, $s0, $t1      # s0 ← s0 ^ t1
```

このうち nor 命令では，t1 と 0 のビットごと論理和，すなわち t1 の値そのもののビットごと否定を計算することで，t1 の全ビットを反転している。　◇

例題 6.5　レジスタ s0 の 5 ビット目の値をレジスタ s1 に取り出す処理をアセンブリ言語で書け。

【解答】　以下のように書ける。

```
and  $s1, $s0, 32   # s1 の 5 ビット目以外を 0 にする
srl  $s1, $s1, 5    # 5 ビット目が 0 ビット目に移るようシフトする
```

1 行目の定数 32 は，$2^5 = 32$ であることから，5 ビット目だけが 1 であるようなビット列になっていることに注意する。これとビットごと論理積を取ってから 5 ビット右シフトすることで，レジスタ s0 の 5 ビット目が 0 であれば s1 が 0 に，5 ビット目が 1 であれば s1 が 1 になる。

例題 6.4 と例題 6.5 のような処理により，レジスタ内の各ビットを独立して読み書きすることができる。　◇

6.4　MIPS の命令と動作：ロード命令・ストア命令

ここまでは，すべてのデータは最初からレジスタに存在すると考えてきた。しかし，32 本しかないレジスタだけで，大量データを扱う計算や複雑な計算ができないのは明らかである。より大容量な記憶システムであるメモリとの間でデータの転送を行う必要がある。メモリからレジスタへのデータ転送を**ロード**（load）と呼び，レジスタからメモリへのデータ転送を**ストア**（store）と呼ぶ。

メモリ内のどこへ，あるいはどこからデータを転送するかは，アドレスによって指定する。ここで，アドレスを単に定数として指定するのでは不十分であることに注意する。アクセスすべきアドレスは，プログラム実行中に動的に決まることがほとんどであり（以降の例題を参照），したがって，一般にはレジスタ値と定数から何らかの計算を行ってアドレスを生成しなくてはならない。そのようなアドレスの指定方法（**アドレッシングモード**，addressing mode）は，コンピュータによっては多数の方法が用意されている場合もある（付録 F.3.2 項参照）が，MIPS の場合は非常にシンプルであり，下記の形式ただ一つしかない。

```
lw $s1, 0x20($s0)          # s1 ← mem[0x20 + s0]
```

lw（load word）は，1 ワードのデータのロードを指示するオペコードである。一つ目のオペランドはロード先のレジスタを指定する。続く `0x20($s0)` がアドレスを表すもので，定数 0x20 とレジスタ s0 の内容を加算した結果を，アクセスすべきメモリアドレス（**実効アドレス**，effective address）として指定している†。

---

†　本書では，メモリのアドレス x に置かれる 4 バイトのデータを `mem[`x`]` と表す。

すなわちこの命令では，例えばレジスタ s0 に 0x8000 が保存されていたとすると，アドレス 0x8020（= 0x20 + 0x8020）から始まる 4 バイト（= 1 ワード）のデータを読み出し，その値をレジスタ s1 に書き込むという動作をする。s0 をベースレジスタ，定数 0x20 をオフセット（あるいはディスプレースメント），s1 をターゲットレジスタと呼ぶことがある。

ロード命令の動作を**図 6.8** に示す。①即値命令と同様に，レジスタ 1 個からの値と命令デコーダからの定数値が ALU に送られる。ALU がこれらを加算することで実効アドレスを生成する。②実効アドレスが指すメモリ内の位置から読み出された値が，③命令デコーダが指示するレジスタ 1 個に書き込まれる。

ストア命令も同様の考え方をする。sw（store word）命令の動作は lw とそっくり逆で

```
sw $s1, 0x20($s0)          # mem[0x20 + s0] ← s1
```

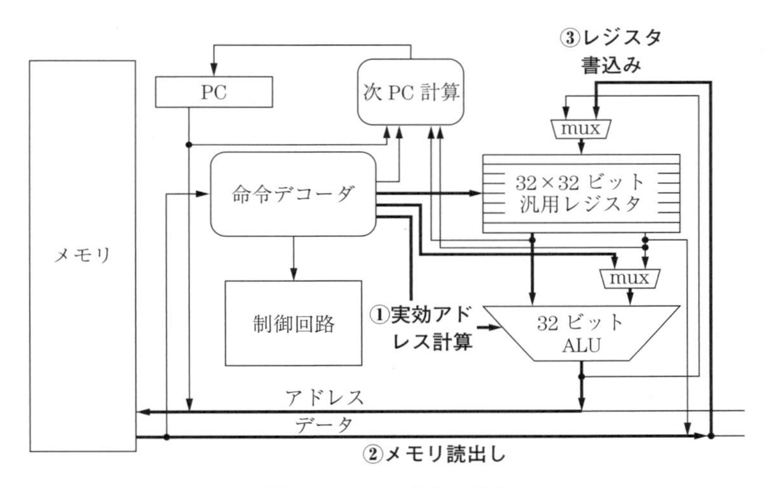

図 6.8　ロード命令の動作

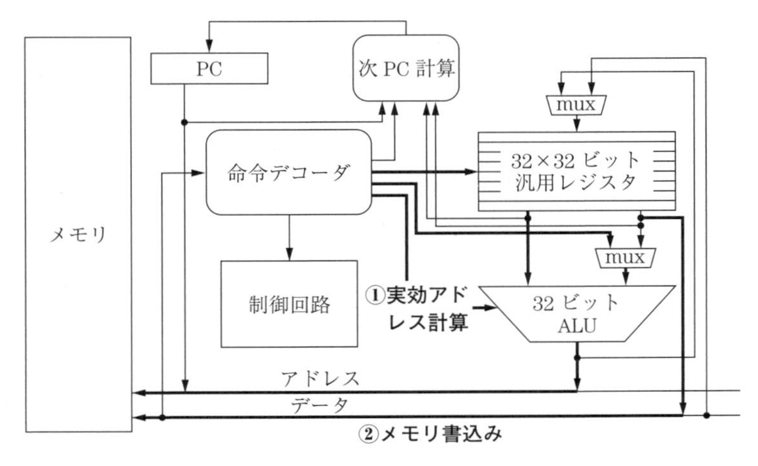

図 6.9　ストア命令の動作

はレジスタ s1 の値を，アドレス（0x20 + s0）から始まる 4 バイトの領域に転送する†。

ストア命令の動作を**図 6.9** に示す。ロード命令と似ているが，汎用レジスタからは 2 個のレジスタが選ばれて値が読み出される。一方は実効アドレス生成に用いられ，他方がメモリに書き込まれる値となる。

例題 6.6　アドレス 0x1500 から始まる 4 バイトのデータを，レジスタ s4 に転送する命令を示せ。

【解答】　レジスタ zero がつねに 0 を返すことを思い出すと

```
lw $s4, 0x1500($zero)       # s4 ← mem[0x1500]
```

と書けることがわかる。 

例題 6.7　C 言語では，整数（integer）型の変数 a, b, c を使う際

```
int a, b, c;
```

のようにあらかじめ宣言してから使用する。今，これらの変数がメモリ中に**図 6.10** のように配置されているとする。また，この領域の先頭（図の一番下）のアドレス 0x8000 がレジスタ sp に保持されているとする。変数 a と b の和を c に代入する操作，すなわち

```
c = a + b;
```

をアセンブリ言語に変換せよ。ただし，一時レジスタ t0〜t2 を自由に用いてよい。

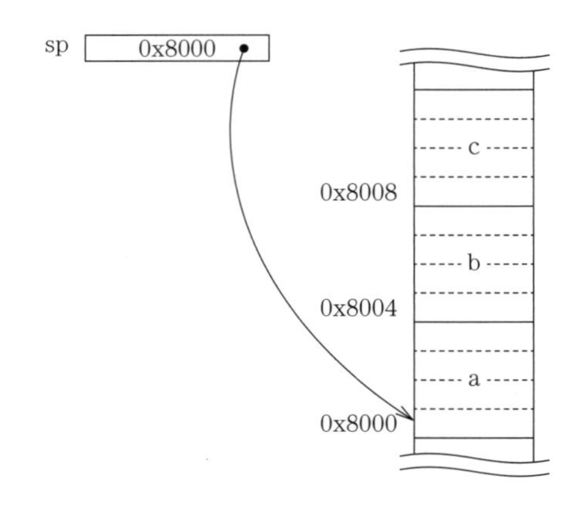

図 6.10　メモリ配置

【解答】　例えば以下のように書ける。

† ほかに，1 バイトだけ転送する命令（lb, sb 等），2 バイトだけ転送する命令（lh, sh 等）などもあるが，本書では扱わない。

```
lw   $t0, 0($sp)      # t0 ← mem[sp + 0]
lw   $t1, 4($sp)      # t1 ← mem[sp + 4]
addu $t2, $t0, $t1    # t2 ← t0 + t1
sw   $t2, 8($sp)      # mem[sp + 8] ← t2
```

レジスタ sp は**スタックポインタ**（stack pointer）と呼ばれ，このように変数などを配置した領域の先頭アドレスを保持するために用いる（という約束になっている）。なぜ「スタック」と呼ぶのかは 7.3 節で説明する。 ◇

例題 6.8　C 言語では，例えば 100 個の整数からなる配列 x を

```
int x[100];
```

のようにあらかじめ宣言してから使用する。配列の各要素は x[0]〜x[99] として参照できる（配列のインデックスが 0 から始まることに注意）。今

```
int i;
int x[3];
...
x[i] = 300;
```

という C 言語のプログラムを考え，各変数はメモリ中に**図 6.11** のように配置されたとする。この領域の先頭アドレス 0x8000 はレジスタ sp に保持されている。上記のプログラムをアセンブリ言語に変換せよ。ただし，レジスタ t0〜t2 を自由に使ってよい。

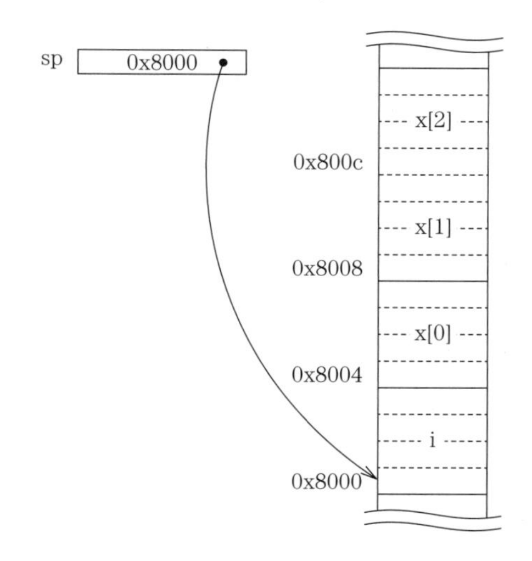

図 6.11　メモリ配置

【解答】　例えば，以下のように書ける。

```
addu  $t0, $sp, 4        # t0 ← sp + 4
lw    $t1, 0($sp)        # t1 ← mem[sp + 0]
sll   $t1, $t1, 2        # t1 ← t1 * 4
addu  $t0, $t0, $t1      # t0 ← t0 + t1
li    $t2, 300           # t2 ← 300
sw    $t2, 0($t0)        # mem[t0] ← t2
```

今までの例題よりやや複雑になったので，ていねいに見ていく。このプログラムでは，$x[i]$ に対応するメモリアドレスへ値 300 をストアする。一つ前の例題と異なるのは，配列のインデックス i が実行時に動的に定まるため，メモリアドレスを「スタックポインタ + 定数」のように MIPS のストア命令で直接指定できる形では書けない点である。

よって，あらかじめアドレスを生成しておく必要がある。最初の addu 命令で，配列 x の先頭アドレス (sp + 4) = 0x8004 をレジスタ t0 に得ている。つぎの lw 命令で変数 i の値をレジスタ t1 に得ている。x は整数の配列で，整数は 4 バイトなので，$x[i]$ のアドレスを得るためには，変数 i の値（t1 に保持されている）を 4 倍してから t0 に加えなくてはならない。sll 命令が t1 を 4 倍し，続く addu 命令で t0 にこれを加算している。この時点で t0 には $x[i]$ のアドレスが得られた。li 命令で定数 300 をレジスタ t2 に用意して，最後に sw でストアしている。 ◇

章 末 問 題

【1】 ロード命令 `lw $t0, $t1(offset)` において，レジスタ t1 の値と定数 offset の値がそれぞれ以下のとおりだとする。それぞれの場合の実効アドレスを 16 進数で答えよ。

(a) t1 = 0x1234, offset = 20　 (b) t1 = 0x4321, offset = −8

【2】 先頭のアドレスが 0x12345678 である整数の配列を考える。先頭要素を 0 要素目と数えるとして，(a) 5 要素目と (b) 128 要素目が格納されているアドレスをそれぞれ答えよ。ただし，整数は 4 バイト長であり，その値が格納される連続 4 バイトのうち最も若いアドレスを，その要素のアドレスとする。

【3】 以下の計算を行う MIPS 命令列を示せ。ただし，整数変数 x, a, b, c, d はそれぞれレジスタ s0, s1, s2, s3, s4 に対応付けられているとする。変数 x（レジスタ s0）以外の値は破壊してはならない。

(a) $x = a + (b - (c + d))$　 (b) $x = (a + 15) - (b + c)$

【4】 レジスタ t1 に 32 を，レジスタ s1 に 0 以上 31 以下の数をセットして以下のプログラムを実行した。レジスタ s0 の値はどのように変化するか答えよ。

```
sll   $t0, $s0, $s1
subu  $t1, $t1, $s1
srl   $t1, $s0, $t1
or    $s0, $t0, $t1
```

【5】 自分が所有する携帯機器（例えば携帯電話）に搭載されているプロセッサの種類を調べよ。マニュアルやカタログを見てもわからない場合は，機種名でウェブ検索するとよい。

7 コンピュータの構成とプログラムの実行 (2)

本章では，6 章に引き続いて MIPS 上でのプログラムの動作について学ぶ。特に，条件文や繰返しのようにプログラム実行の流れを変える方法について学ぶ。さらに，関数呼出しのような複雑な動作が，MIPS の命令セット上でどのように実現されているか，またそのような動作において，メモリがどのように使用されているかについて掘り下げる。

7.1 MIPS の命令と動作：分岐命令・ジャンプ命令

これまで見てきたように，通常は命令はメモリ内に並んでいる順に実行される。しかし，多くのプログラミング言語がもつ条件文や繰返し文，関数呼出しなどを実現するためには，この順序を変えることができなければならない。

つぎに実行する命令を変える機能をもつ命令を，分岐命令，またはジャンプ命令と呼ぶ。MIPS の場合，ある特定の条件が成立したときにのみ実行順を変えることを**分岐**（branch）と呼び，無条件に実行順に変えることを**ジャンプ**（jump）と呼んでいる。コンピュータによっては前者を**条件分岐**（conditional branch）あるいは条件ジャンプ（conditional jump），後者を**無条件分岐**（unconditional branch）あるいは無条件ジャンプ（unconditional jump）などと呼ぶ場合もある。

7.1.1 分 岐 命 令

分岐命令では，分岐するかしないかを決める「分岐条件」と「分岐先の命令アドレス」をオペランドとして指定する。MIPS では，分岐条件は汎用レジスタを用いて指定される。

分岐先の命令アドレスを数字で指定しなくてはならないのは非常に不便である。例えば，一度書いたプログラムに対して，後から途中に 1 命令を挿入しただけで，そこ以降のすべての命令アドレスはずれてしまうので，分岐先アドレスもすべて修正しなくてはならない。この不便さを避けるため，アセンブリ言語では命令に**ラベル**（label）と呼ばれる名前を付けることができる。

具体例として，以下のような C 言語のプログラムを考える。

```
int x, y;
...
if (x == y) {
    x = x + 1;
}
...
```

このプログラムでは，まず変数 x と y の内容を比較し，等しければ x に 1 を加算する（C 言語に慣れていない読者は，代入演算子（`=`）と等号関係演算子（`==`）が異なることに注意する。なお，不等号関係演算子は `!=` である）。

変数 x，y がそれぞれレジスタ s0，s1 に割り当てられているとすると，このプログラムは以下のようなアセンブリ言語に変換できる。

```
      bne    $s0, $s1, L1      # x ≠ y ならば L1 へ分岐
      addu   $s0, $s0, 1
L1:   ...                      # ラベル L1 で指される命令
```

bne（branch on not equal）命令は，オペランドとして指定された二つのレジスタの値が等しくないときに，指定されたラベルの命令に分岐する†1。これを「分岐が成立する」（branch is taken）という。そうでなければ分岐は成立せず（branch is not taken，または branch is untaken という），通常どおりつぎの命令に移る。上の例の場合，s0 と s1 の内容が等しくなければ（すなわち if の条件である「`x == y`」が成立しなければ），ラベル L1 で指定された命令†2に分岐することにより，if 節の中の「`x = x + 1`」をスキップする。

同様の形式の命令に

```
beq   $s0, $s1, L    # s0 = s1 ならば L へ分岐 (branch on equal)
```

がある。これらと比較命令などを組み合わせることによって，各種の分岐条件を表現することができる。

例題 7.1　アセンブリ言語に変換せよ。x，y は整数変数で，それぞれ s0，s1 に割り当てられているとする。一時レジスタとして t0 を使用してよい。

```
if (x > y) {
    x = x + 1;
```

†1 MIPS では，遅延分岐と呼ばれる方式が採用されているためこの記述は正確ではないが，アセンブラによる命令並び替えまで考慮すれば，このように理解してよい。遅延分岐については付録 F 章で説明する。

†2 この例では「`...`」と省略されているが，ここに何らかの後続命令があると考える。

```
}
...
```

【解答】 例えば，以下のように変換できる。

```
    sgt   $t0, $s0, $s1    # x > y なら t0 ← 1; そうでなければ t0 ← 0
    beq   $t0, $zero, L1   # 比較結果が偽なら L1 へ
    addu  $s0, $s0, 1
L1: ...
```

◇

分岐命令の動作を**図 7.1** に示す。①命令デコーダからの指示によって 2 個のレジスタの値が読み出され，②それらの値に基づいて分岐するかしないかが判定される。③分岐する場合は分岐先アドレスを計算して PC の内容を更新する。分岐しない場合は，PC は後続命令のアドレスを指したままであり，そのままつぎの命令の実行に移ることになる。

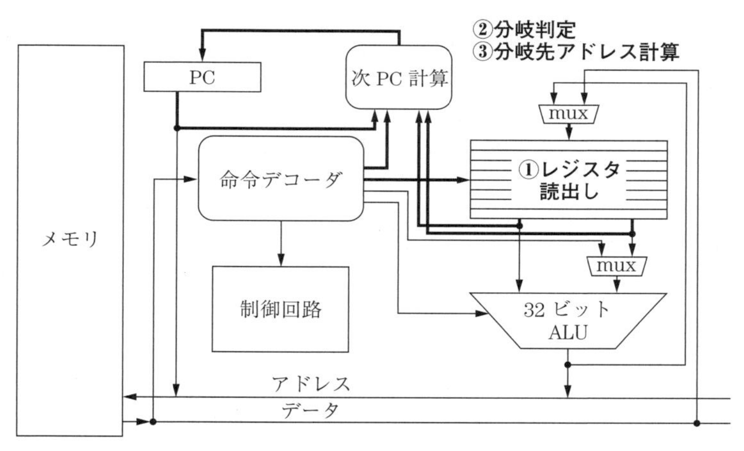

図 7.1 分岐命令の動作

7.1.2 ジャンプ命令

j（jump）命令は，つぎに実行する命令を無条件に変更する。下記のように，オペランドとしてジャンプ先の命令のアドレス（ラベル）を指定する。

```
j  L     # ラベル L へジャンプ
```

ジャンプ命令と分岐命令を組み合わせることで，さまざまなプログラム制御構造を実現することができる。

例題 7.2 アセンブリ言語に変換せよ。x，y は整数変数で，それぞれ s0，s1 に割り当てられているとする。一時レジスタ t0 を使用してよい。

```
if (x < y) {
    x = x + 1;
} else {
    x = x + 2;
}
...
```

【解答】 C 言語では，if 文の条件が成立しなかったときに実行する処理を，このプログラムのように else 節によって指定する。例えば，以下のように実現できる。

```
      slt   $t0, $s0, $s1    # x < y なら t0 ← 1; そうでなければ t0 ← 0
      beq   $t0, $zero, L1   # 比較結果が偽なら L1 へ
      addu  $s0, $s0, 1      # x = x + 1
      j     L2
L1:   addu  $s0, $s0, 2      # x = x + 2
L2:   ...
```
◇

例題 7.3　アセンブリ言語に変換せよ。x と一時レジスタについては例題 7.2 と同様である。

```
while (x > 0) {
    x = x - 1;
}
...
```

【解答】 while 文は繰返し実行を行う構文であり，条件 $x > 0$ が成立している限り代入文 $x = x - 1$ を繰り返し実行する。例えば，以下のように実現できる。

```
L1:   sgt   $t0, $s0, $zero  # x > 0 なら t0 ← 1; そうでなければ t0 ← 0
      beq   $t0, $zero, L2   # 比較結果が偽なら L2 へ
      addu  $s0, $s0, -1     # x = x - 1
      j     L1
L2:   ...
```
◇

ジャンプ命令の動作は，図 7.1 の分岐命令よりもずっと簡単である。レジスタ読出しも分岐判定も行わず，命令デコーダから送られたジャンプ先アドレスで PC の内容を更新するだけで動作は完了する。

7.2 関数呼出し

プログラム中では，似たような処理が何度も行われる場合が多い。そのような処理はプログラ

ム内の1ヶ所にまとめて定義しておき，必要に応じて呼び出せるようにすると，プログラムがコンパクトで見通しがよくなり，また修正も容易になる。そのような処理は**手続き**（procedure），**サブルーチン**（subroutine）などと呼ばれる。C言語ではこれを**関数**（function）として定義する。

あまり実用性のない例だが，以下のようなCのプログラムを考える。

```
int sum(int a, int b) {
    a = a + b;
    return a;
}
int main() {
    int x, y, z;

    x = sum(500, 100);
    y = sum(1000, 200);
    z = sum(x, y);

    return 0;
}
```

このプログラムでは，二つの関数sumとmainが定義されている。sumは整数の**引数**（parameter）aとbを受け取り，それらの和である整数値を返す関数である。関数名sumの前のintは戻り値が整数型であることを表し，その後の（　）内のint a, int bは引数を表す。計算結果はreturn文で戻り値として呼出し元に返す。

mainは引数を取らず，整数0を返す関数である。C言語では，プログラムの実行はmain関数を呼び出すことにより始めると決められている。上のプログラムでは，mainの中からsumが合計3回呼び出され，最終的に変数x，y，zの値はそれぞれ600，1200，1800となる。sum関数の中で変数aの値を更新しているが，それは呼出し元の`z = sum(x, y)`の変数xには影響を与えないことに注意する。関数には引数x, yの値のコピーが渡されると考えるとよい。これを**値による呼出し**（call by value，**値渡し**）と呼ぶ。main関数から返ると，プログラムは終了する。

さて，このような関数呼出しを実現する仕組みを見ていく。sum関数へ制御を移すには，単純にj命令でジャンプすればよいように思えるかも知れないが，話しはそれほど簡単ではない。sum関数が終わる際に，呼出し元まで戻らなくてはならないからである。main関数の中だけでも呼出し元は3ヶ所あり，sumは他の関数からも呼ばれているかも知れない。

これを実現するため，MIPS には「呼出し元の位置を覚えておく」機能をもった，下記のような特殊なジャンプ命令が用意されている。

```
jal  L
```

jal（jump and link）命令は，指定されたラベル L にジャンプすると同時に，後続命令のアドレスをレジスタ ra（31 番レジスタ，ra は return address の略）に記憶する。レジスタ ra に記憶されたアドレスに戻るには，下記の jr（jump register）命令を用いる。

```
jr  $ra
```

これにより，レジスタ ra に記憶されたアドレスへジャンプすることができ，結果として呼出し元へ制御を戻すことができる。jal 命令が戻り，アドレスを記憶するレジスタは ra で決め打ちなのに対し，jr 命令は汎用レジスタを自由に指定できることに注意する（よって，関数から戻るとき以外にも利用することができる）。

つぎに考えなくてはならないのは，関数に渡す引数をどうするか，関数からの戻り値をどうするかである。MIPS では，引数が四つ以下の場合はレジスタ a0〜a3 を順に使うと約束されている。また，戻り値を呼出し元に返す際は，レジスタ v0 と v1 を使うと約束されている。

例題 7.4　前述の関数 sum および main アセンブリ言語に変換せよ。main 内の変数 x，y，z はそれぞれレジスタ s0, s1, s2 に割り当てられているとする。main の最後の `return 0` は無視してよい。

【解答】　以下の例のように変換できる。

```
sum:  addu $a0, $a0, $a1   # a ← a + b
      move $v0, $a0        # v0 ← a
      jr   $ra             # ra にジャンプ (= リターン)

main: li   $a0, 500        # a0 ← 500
      li   $a1, 100        # a1 ← 100
      jal  sum             # ra に次命令アドレスを保存して sum にジャンプ
      move $s0, $v0        # x ← v0

      li   $a0, 1000       # a0 ← 1000
      li   $a1, 200        # a1 ← 200
      jal  sum             # ra に次命令アドレスを保存して sum にジャンプ
      move $s1, $v0        # y ← v0

      move $a0, $s0        # a0 ← x
      move $a1, $s1        # a1 ← y
```

```
jal  sum             # raに次命令アドレスを保存してsumにジャンプ
move $s2, $v0        # z ← v0
```

呼出し側で引数をレジスタ a0, a1 にコピーしてから jal 命令を呼ぶことで，関数 sum が呼び出される。引数の値がコピーされていることにより，値による呼出しが実現されていることに注意する。すなわち，関数 sum の中でレジスタ a0 の値を書き換えても，それは呼出し側で使われている変数 x（レジスタ s0 に対応している）には影響しない。 ◇

7.3 スタックとメモリマップ

以上で述べた関数呼出しの例は，特別に簡単になるよう注意深く作ったものである。簡単に済んだ理由は，関数内での処理が。引数用に用意されたレジスタだけで済ませられるからである。

一般には，呼び出された関数もその他のレジスタを使うかも知れないし，レジスタだけで間に合わずメモリも使うかも知れない。関数内からさらに別の関数を呼び出すかも知れない。このような一般の関数呼出しでは，以下のような点を考慮しなくてはならない。

- 呼出し元で使用中のレジスタの内容を破壊せずに，呼び出された関数がレジスタを利用するにはどうすればよいか（関数を多重呼出しする場合の ra レジスタの扱いも含む）。
- 呼び出された関数がメモリを使用したい場合はどうすればよいか。
- 引数が四つを超える場合は，どのように受け渡せばよいか。

多くのプロセッサでは，これらを実現するため，**スタック**（stack）と呼ばれるデータ構造をメモリ内に構築する。スタックには，先頭位置へデータを積み上げる（**プッシュ**，push）ことができ，また先頭位置のデータを取り出す（**ポップ**，pop）ことができる。データを入力するのと逆順で取り出されることから，last-in first-out（**LIFO**，または first-in last-out, **FILO**）型のデータ構造と呼ばれる。

今，関数 main を実行しているとして，スタックには main の実行に必要なデータが保持されている。このデータのための領域を関数 main の**スタックフレーム**（stack frame）と呼ぶ。main から関数 f が呼び出されると，**図 7.2** に示すように，スタックに f のスタックフレームがプッシュされる。さらに関数 g が呼び出されると，g のスタックフレームがプッシュされる。

関数 g の実行が完了するとそのスタックフレームはポップして捨て去られ，スタックの先頭に f のスタックフレームが現れた状態で，関数 f にプログラムの制御が戻る。さらに，f が終了するとそのスタックフレームはやはりポップされ，main のスタックフレームがスタック先頭に現れた状態で関数 main に制御が戻る。このような関数呼出しと戻りの順序に，スタックの first-in last-out な構造がとてもよく合っていることに注目する。

メモリ上にスタック構造を実現するための専用命令群を備えているプロセッサも多いが，MIPS

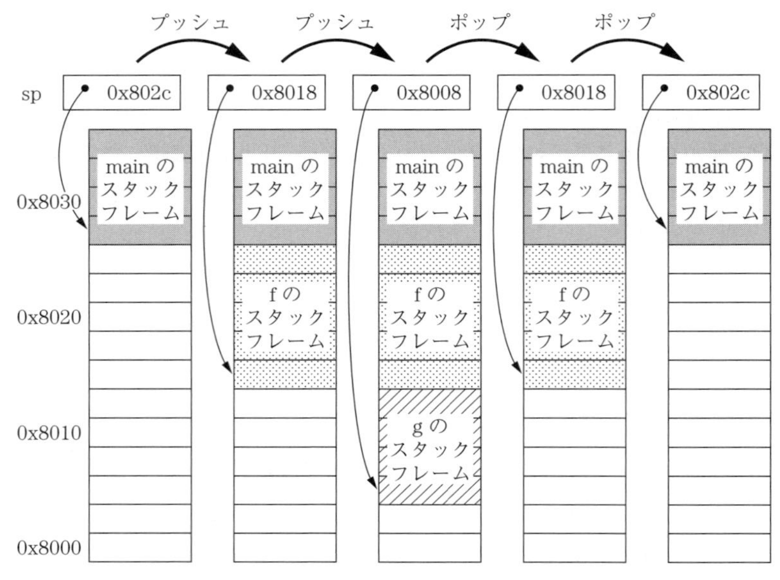

図 7.2　プログラムの実行とスタックの伸縮

ではここでも単純さを保つ原則を貫き，専用の命令などは用意していない。汎用レジスタ sp (29 番レジスタ) が，スタックの先頭アドレスを保持しているものと約束し，sp を加算命令で増減させることでスタックの伸縮を行う。スタック上のデータの読み書きは，sp からの相対アドレスを指定してロード命令・ストア命令を行うことで実現できる。これが，**スタックポインタ**という名称の由来であり，例題 6.7 などで，メモリに置かれた変数へのアクセスを sp からの相対アドレスで指定していた理由である。

例題 7.5　以下の関数 f, g をアセンブリ言語に変換せよ。関数 f 内の変数 x, y はレジスタ s0, s1 に，関数 g 内の変数 x はレジスタ s0 に割り当てるとする。

```
int g(int a, int b) {
    int x;
    x = a + b + 100;
    return x;
}

int f(int a, int b) {
    int x;
    int y;

    x = a + b;
```

```
    y = a - b;

    return g(x, y);
}
```

【解答】 関数 f, g とも，その先頭で自身のスタックフレームを確保して，破壊してはならないレジスタの内容を退避しておく。関数から戻る際には，レジスタの内容を復元して，スタックフレームを破棄してから戻る。

その際，スタックに退避するのは，その関数の中で上書きするとわかっているレジスタだけでよい†1ことに注意する。関数 f は変数 x, y のためにレジスタ s0，s1 を使用し，また他の関数を呼び出すために ra を上書きするので，s0，s1，ra をスタックに退避しなくてはならない。したがってスタックフレームには少なくとも 4 バイト × 3 個 = 12 バイトの大きさが必要となる。

一方，関数 g は変数 x のために s0 を使用し，他の関数は呼び出さないため，退避するのは s0 だけでよい。スタックフレームは少なくとも 4 バイト必要になる。これらのスタックフレームの様子を図 **7.3** に示す†2。

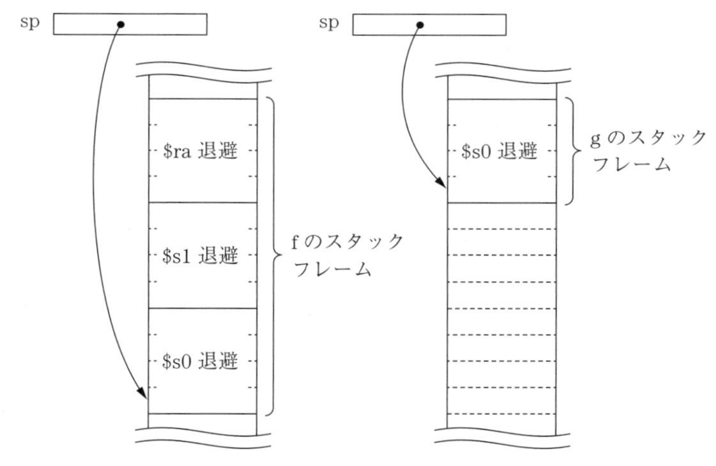

図 7.3　例題 7.3 における関数 f と g のスタックフレーム

このようなスタックの操作は，以下のように書くことができる。なお，引数 a，b と戻り値にはレジスタ a0，a1，v0 を使う約束だったことを再度確認しておく。

```
g:  addu  $sp, $sp, -4     # プッシュ
    sw    $s0, 0($sp)      # s0 をスタックに退避
    addu  $s0, $a0, $a1    # x ← a + b
```

†1　退避すべきレジスタをできるだけ少なくするため，MIPS では t0〜t9 は呼び出された側の関数では退避しなくてよいと約束している。そのため，関数呼出しによって値が破壊されてはまずいならば，呼出し側で退避しておく必要がある。そのためこれらのレジスタは，もっぱら一時レジスタとして用いられる。一方，s0〜s8 は呼び出された側が責任をもって原状復帰しなくてはならない約束になっている。

†2　実際には，MIPS の関数呼出しの規約には，スタック先頭やレジスタ退避領域先頭のアドレスが 8 の倍数でなくてはならなかったり，四つまでの引数の分も，領域だけはスタックに予約されたりするなどの細かいルールがいろいろとある。この例題では，簡単のためそれらのルールは守っていない。

```
     addu  $s0, $s0, 100    # x ← x + 100
     move  $v0, $s0         # v0 ← x
     lw    $s0, 0($sp)      # スタックから s0 に値を戻す
     addu  $sp, $sp, 4      # ポップ
     jr    $ra              # リターン

f:   addu  $sp, $sp, -12    # プッシュ
     sw    $s0, 0($sp)      # s0 をスタックに退避
     sw    $s1, 4($sp)      # s1 をスタックに退避
     sw    $ra, 8($sp)      # ra をスタックに退避
     addu  $s0, $a0, $a1    # x ← a + b
     subu  $s1, $a0, $a1    # y ← a - b
     move  $a0, $s0         # a0 ← x
     move  $a1, $s1         # a1 ← y
     jal   g                # 関数 g を呼び出す
     lw    $s0, 0($sp)      # スタックから s0 に値を戻す
     lw    $s1, 4($sp)      # スタックから s1 に値を戻す
     lw    $ra, 8($sp)      # スタックから ra に値を戻す
     addu  $sp, $sp, 12     # ポップ
     jr    $ra              # リターン (v0 は g からの戻り値をそのまま使う)
```

◇

MIPS でのメモリの使用方法の約束を**図 7.4** に示す。これは典型的な構成であり，MIPS 以外でも多くのプロセッサが同様の約束を採用している。このように，メモリのどの部分に何が割り当てられているかという対応関係，あるいはそれを表す図を**メモリマップ**（memory map）と呼ぶ。

メモリの高位アドレス部にスタックが配置され，低位アドレス側に向かって伸びる。低位アドレス部には実行プログラムの命令列が置かれ，そのつぎに大域変数（C 言語であれば，関数

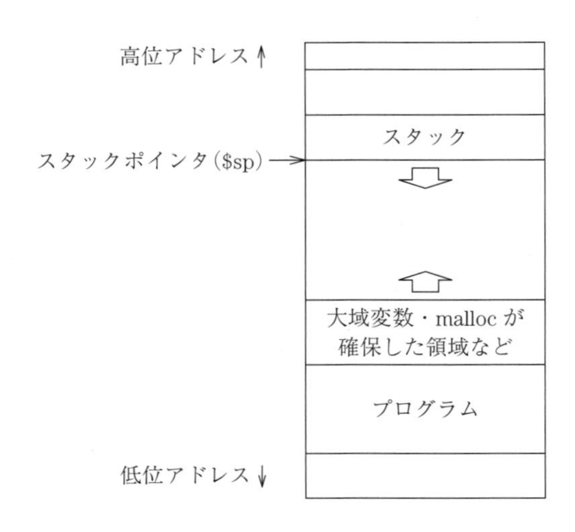

図 7.4　典型的なメモリの使用方法

外に置かれた変数など）などの領域が置かれる。この領域内の特定位置のアドレスが，通常はレジスタ gp に保持されており，大域変数へのアクセスは gp をベースレジスタとした相対アドレッシングで行うことができる。その隣には動的に確保されるデータ（C 言語であれば malloc という標準関数によって確保される）のための領域が置かれる。

7.4 MIPS 命令セットのまとめ

7.4.1 命　令　一　覧

本書で紹介した MIPS の命令を**表 7.1** としてまとめる。

表 7.1　MIPS の命令一覧（本書で紹介したもののみ）

(a)　演算命令（d, s はレジスタ; t はレジスタまたは即値; imm は即値）

分　類		命　　令	動　　作
算　術		addu d, s, t	d ← s + t
	**	subu d, s, t	d ← s - t
比　較		slt d, s, t	符号付きで s < t なら d ← 1，そうでなければ d ← 0
		sltu d, s, t	符号なしで s < t なら d ← 1，そうでなければ d ← 0
	*	sgt d, s, t	符号付きで s > t なら d ← 1，そうでなければ d ← 0
	*	sgtu d, s, t	符号なしで s > t なら d ← 1，そうでなければ d ← 0
	*	sle d, s, t	符号付きで s ≦ t なら d ← 1，そうでなければ d ← 0
	*	sleu d, s, t	符号なしで s ≦ t なら d ← 1，そうでなければ d ← 0
	*	sge d, s, t	符号付きで s ≧ t なら d ← 1，そうでなければ d ← 0
	*	sgeu d, s, t	符号なしで s ≧ t なら d ← 1，そうでなければ d ← 0
論　理		and d, s, t	d ← s & t
		or d, s, t	d ← s | t
	**	nor d, s, t	d ← ~(s | t)
		xor d, s, t	d ← s ^ t
シフト		sll d, s, t	d ← s << t
		srl d, s, t	d ← s >> t
移　動	*	move d, s	d ← s
即値ロード	*	li d, imm	d ← imm

(b)　ロード命令・ストア命令（t, s はレジスタ; offset はオフセット定数）

	命　　令	動　　作
	lw t, offset(s)	t ← mem[s + offset]
	sw t, offset(s)	mem[s + offset] ← t

(c)　分岐命令（t, s はレジスタ; label は命令ラベル）

	命　　令	動　　作
	beq t, s, label	t = s なら label の指す命令へ分岐
	bne t, s, label	t ≠ s なら label の指す命令へ分岐

(d)　ジャンプ命令（s はレジスタ; label は命令ラベル）

	命　　令	動　　作
	j label	label の指す命令へジャンプ
	jr s	s が保持するアドレスへジャンプ
	jal label	ra ← つぎの命令のアドレス，label の指す命令へジャンプ

（注）＊はマクロ命令。＊＊は即値演算のみマクロ命令。

7.4.2　機械語との対応

MIPS の命令は，R 型，I 型，J 型の 3 種類に大きく分類される。いずれの型でも，命令長は 32 ビットである。MIPS の機械語命令のビットの並び方（**命令フォーマット**，instruction format）を図 **7.5** に示す。

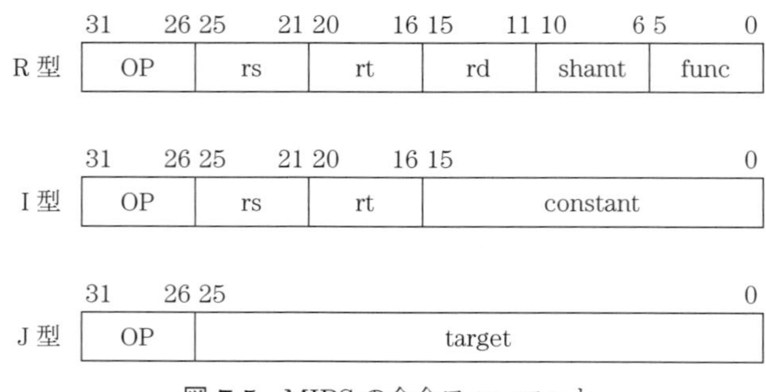

図 7.5　MIPS の命令フォーマット

（**1**）**R 型 命 令**　addu や and などのレジスタ間演算命令は，R 型に分類される。命令を構成するビット列は，複数の**フィールド**（field）に分けて解釈される。

例えば，MIPS には汎用レジスタが 32 本あるため，オペランドとなるレジスタを指定するフィールドは 5 ビット長である（$2^5 = 32$）。レジスタ間演算命令では入力オペランド二つ，出力オペランド一つの合計三つを指定するため，5 ビット長のフィールドが三つ用意されている。その他のフィールドの組合せで，命令の種類が指定される。

（**2**）**I 型 命 令**　即値を取る演算命令は，I 型に分類される。オペランドとしてレジスタを二つ（入力と出力に各一つずつ）と即値を一つ指定する。即値フィールドは 16 ビット長である。opcode フィールドで命令の種類が指定される。

即値演算命令のほかに，lw や sw のようなロード命令・ストア命令，beq や bne のような分岐命令も I 型に分類される。ロード命令・ストア命令では，ロード先・ストア元の指定にレジスタを一つ（ターゲットレジスタ），メモリアドレスの指定にレジスタを一つ（ベースレジスタ）と定数フィールド（オフセット）を用いる。分岐命令では，分岐条件を指定するためにレジスタを二つ用いる。分岐先のアドレスは，現在の命令からの相対位置を定数フィールドにより指定する。

即値・定数フィールドが 16 ビットしかないことに注意が必要である。6 章でアセンブリ言語を用いてプログラムを書いたとき，定数の大きさの範囲は特に気にしなかったが，実際には 16 ビットで表せる範囲の数しか指定できない。この範囲を超える定数を使いたい場合は，複数の命令を組み合わせてその数を生成しなくてはならない†。

† 多くの MIPS 用アセンブラはこれを自動で行ってくれる。

なお，シフト命令 sll，srl は，シフト量を定数で指定する場合も，I 型命令ではなく R 型命令として定義される特殊例になっている。R 型命令フォーマット中の shamt（shift amount）フィールドが，シフト量を保持する。

（3） J 型 命 令　j や jal などのジャンプ命令は J 型に分類される。ジャンプ先は 26 ビット長のフィールドで指定されるため，分岐命令よりは広い範囲へのジャンプが可能である。26 ビット長でも足りない場合は，レジスタによってジャンプ先を指定する jr を使うことになる。なお，jr 命令の命令フォーマットは R 型である。

章末問題

【1】 C 言語には for 文と呼ばれる構文が用意されており，繰返しごとに変数の値を変化させながら，条件が成り立つ限り繰返しを行うことができる（他の多くの言語にも存在する）。以下のように書くと，整数変数 i を 0 に初期化し，条件 i < 10 が成り立つ限りは { } 内が繰り返し実行され，毎繰返しの最後には ++i が実行される。++ は C 言語特有の演算子で，変数を 1 だけ増分してその結果を値として返す（すなわち i = i + 1 と同等である）。この制御構造を MIPS の命令により実現せよ。ただし，変数 i はレジスタ s0 に割り当てられているとする。一時レジスタとして t0〜t9 を自由に用いてよい。

```
for (i = 0; i < 10; ++1) {
    ...
}
```

【2】 以下に示す MIPS アセンブリ言語のプログラムは，ある値を 2 進数で表した際に，その中に含まれる「1」のビットの数を数えるものである。

```
        move $t0, $zero
        lw   $s0, 0($s1)
L1:     and  $t1, $s0, 1
        addu $t0, $t0, $t1
        srl  $s0, $s0, 1
        bne  $s0, $zero, L1
        sw   $t0, 0($s1)
```

レジスタ s1 の内容が指すアドレスに値 13 が格納されている状態でこのプログラムを実行した。

(a)　実行終了時の，レジスタ s0, t0, t1 の内容を示せ。

(b)　ラベル L1 で指される命令は，何回実行されるか答えよ。

【3】 以下に示す MIPS アセンブリ言語のプログラムは，配列の中から最大値を探すものである。

```
        move  $v0, $zero
L1:     lw    $t0, 0($s0)         # ※1
        sltu  $t1, $v0, $t0
        beq   $t1, $zero, L2
        move  $v0, $t0            # ※2
L2:     addu  $s0, $s0, 4
        addu  $s1, $s1, -1
```

```
        bne   $s1, $zero, L1
```

今，符号なし整数（4 バイト）が，メモリ上のアドレスが増える方向に

```
  10, 20, 3, 22, 5
```

の順に並んでおり，この配列の先頭アドレスをレジスタ s0，配列長 5 をレジスタ s1 に与えてこのプログラムを実行した。

(a)　プログラムの実行が終わった時点でのレジスタ s1, v0, t0, t1 の内容を示せ。

(b)　※ 1 および※ 2 の命令が，それぞれ何回実行されるか答えよ。

8 メモリシステム

本章では，コンピュータのメモリがどのように構成されているかを学ぶ。すでに6章で学んだように，メモリとは情報を記憶する小さな区画の集合体であり，アドレスと呼ばれる数値によって区画を指定して値の読出しや書込みを行うことができる。機能だけを見ると，レジスタを多数並べたものと特に変わりはない。異なるのはその規模であり，プロセッサ内のレジスタはたかだか数十の区画から構成されるのに対し，メモリは数十億もの区画から構成される。

複数のレジスタを並べた構造（レジスタファイル）の構成例は付録E章で紹介する。しかし，同様に数十億個のレジスタを並べるのは現実的でない。まず第一に，レジスタの記憶要素であるDフリップフロップは比較的多くのトランジスタで構成されるため，数十億個を並べようとすると現実的な半導体チップのサイズ・個数で収まらない。第二に，数十億個の区画を指定するためのデコーダやマルチプレクサが巨大な回路となってしまい，チップ面積を浪費するとともに動作が著しく遅くなる。結局，大容量のメモリを実現するためには，レジスタファイルとは異なる構造が必要であることがわかる。

現在のコンピュータにおいてメモリに用いられている主要な部品は，**SRAM**（static RAM）と**DRAM**（dynamic RAM）である。**RAM**はrandom access memoryの略であり，各区画を任意の順序で読み書きできることからこう呼ばれる。以下で述べるそれぞれの構造により，DRAMはSRAMに比べて低速であるが，同じ面積でより大量のデータを記憶することができる。そのため多くのコンピュータでは，DRAMを主記憶として用い，SRAMをそれを速度面で補うための小容量高速メモリ（キャッシュメモリ）として用いる。

8.1 SRAM

8.1.1 構　　成

SRAMの基本構成を図**8.1**に示す。基本要素であるセルは，図の左上に示したように，二つのNOTゲートのフィードバック構造をなしている。このNOTゲート対は，一方の出力が1で他方が0，あるいはその逆のいずれかの状態で安定であり，そのどちらの状態にあるかによって1ビットの記憶を実現する。すなわち，記憶の原理としてはフリップフロップの一種であると理解できる。フリップフロップを単純に並べることで多ビットの記憶を実現するレジスタに

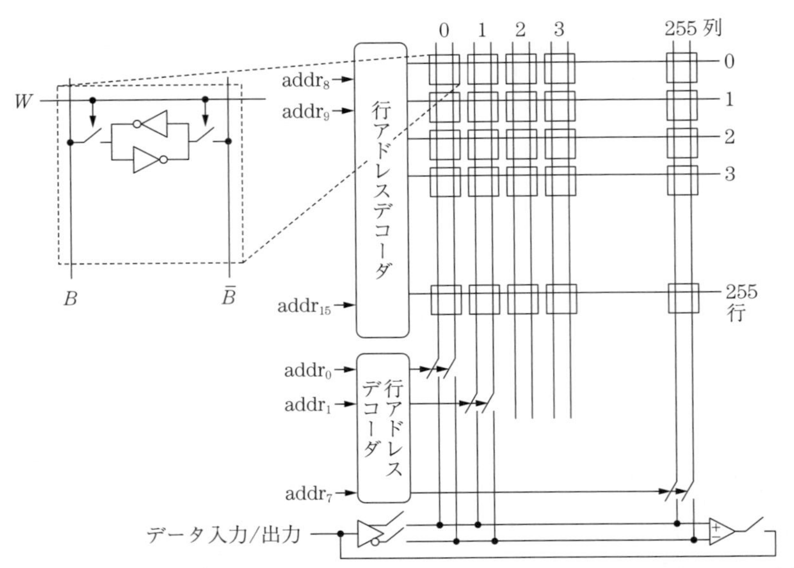

左下の入力部の三角形は，入力が論理 1 のときに上側の出力を 1 に，下側の出力を0にし，入力が0のときにその逆の出力を行うゲートの記号である。各セルの NOT ゲートより強く電流を流すことができ，記憶内容を上書きできるものとする。同じく右下の三角形は差動アンプを表し，上側と下側の入力の大小に応じて論理 1 または論理 0 を出力する。これらの直後のスイッチは，読出し動作か書込み動作かによって切り替える。

図 8.1　SRAM の基本構成

対して，SRAM は各セルの読出し・書込み回路や選択回路の共有化によって面積効率を上げている。

セルは半導体チップ上に 2 次元配列として並べられ，行位置・列位置を指定することで，そのうち一つが選択される。**行選択線**（row selection line，**ワード線**，word line）W のうち 1 本の信号を論理 1 にすることである 1 行が選択され，その行の各セルが各**列信号線**（column signal line，**ビット線**，bit line）の対 B，$\overline{B}$ に接続される。列信号線対のうち一組を選んで書込み，または読出しが行われる。$(B,\overline{B})=(1,0)$ の場合を論理 1，$(B,\overline{B})=(0,1)$ を論理 0 と定める。

図に示すような 256 行 256 列からなる SRAM の場合，全 65536（$=256\times256=2^{16}$）セルのうち一つを指定するためには 16 ビットのアドレスが必要となる。アドレスの上位 8 ビットを 2 進デコーダに入力することで行選択信号が得られる。一方，下位 8 ビットは別の 2 進デコーダを介して，256 組の列信号線対のうち一組を選択し，図の下部の入出力回路に接続するために用いられる。これらの用途で用いられる 2 進デコーダは，特にそれぞれ**行アドレスデコーダ**（row address decoder），**列アドレスデコーダ**（column address decoder）と呼ばれる。

以上の構成で，1 アドレスによって指定される区画は，1 ビットのみのデータを保持することになる。この構造を 8 個分繰り返せば，8 ビットごとにアドレッシングするメモリが構成できる。

8.1.2 動　　作

書込みは以下の手順で行われる。すべての列信号線が電気的に外部から絶縁された状態（フローティング状態と呼ぶ）で，行アドレスデコーダを介して1本の行選択信号を選んで論理1とすることで，その行の全セルのNOTゲート対を列信号線対に接続する。ついで，列アドレスデコーダを介して一組の列信号線対を選択して，入力回路から $(B, \overline{B}) = (1, 0)$ あるいは $(0, 1)$ を，書き込みたい値に応じて送り込む。この際，セル内のトランジスタの電流駆動力よりも十分強く送り込むことで，選択されている列のNOTゲート対の状態を上書きすることができる。一方，選択されていない列については，ビット信号線対がフローティングのため，元の値のまま変化しない。この状態で，行選択信号を論理0に戻すことでNOTゲート対とビット信号線の間のスイッチが切断され，NOTゲート対に保持される内容が確定する。

一方，読出しはすべての列信号線対をフローティングとしたうえで，行アドレスデコーダを介して1本の行選択信号を選んで論理1とする。これにより，選択された行・列のセルのNOTゲート対が保持する信号値（の対）が，各列の信号線対に出力される。ついで列アドレスデコーダを介して一組の列信号線対のみを出力回路に接続することで，その信号が出力回路に読み出される。読み出された信号は多少の電圧降下を受けているかも知れないが，出力回路はこの信号対の差分から保持されていた信号を復元できる。各列信号線を駆動するものはNOTゲート対だけなので，そのまま行選択信号を論理0に戻せば，各セルのNOTゲート対が保持する値は元のまま保たれる。

8.2 DRAM

8.2.1 構　　成

図8.1のSRAMセルの構成要素のうち，NOTゲート1個は2トランジスタで，スイッチ1個は1トランジスタで構成できる。したがって，記憶容量1ビット当り6トランジスタを要する。特殊な製造プロセスを用いれば，より少ないトランジスタ数でSRAMセルを実現することも可能だが，いずれにせよ一般に1ビット当り複数のトランジスタが必要である。トランジスタのサイズを小さくする努力も続けられているが，小さくしすぎると製造ばらつきの影響を受けやすくなり，誤動作の原因となる。これらの理由によりSRAMの面積当りの容量は制限される。

これに対してDRAMでは，フリップフロップとはまったく異なる記憶原理を採用することで，セルの回路面積を可能な限り小さくし，大容量を実現している。DRAMの基本構成を図**8.2**に示す。DRAMのセルはキャパシタ一つからなり，これが充電されている状態を論理1，放電されている状態を論理0と定める。各セルには読出し・書込み制御のためのスイッチも備えるが，通常はキャパシタとスイッチを合わせて一つのトランジスタで実現する。すなわち，

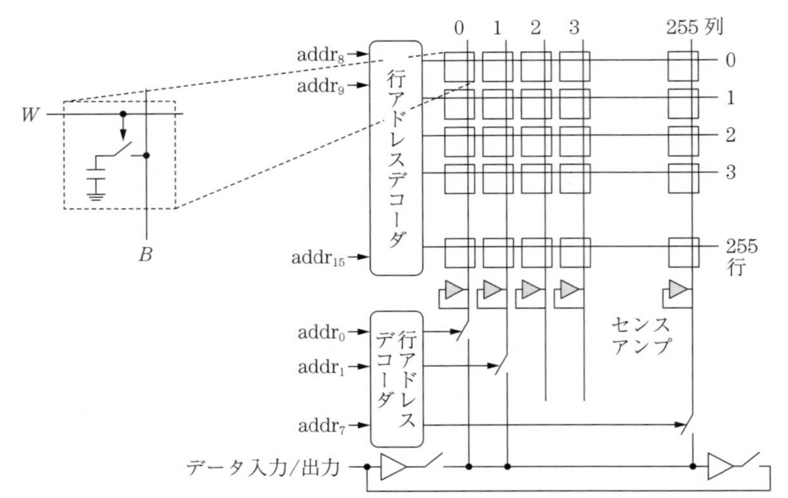

左下および右下の三角形は入力をそのまま出力に伝えるゲート記号である。
出力から入力の向きには影響を及ぼさないような回路になっている。

図 8.2　DRAM の基本構成

DRAM は 1 ビット当り 1 トランジスタで構成できる。

セルが 2 次元配列として並べられており，そのうち 1 行が行選択線によって選択されることで列信号線にセルが接続され，その列信号線のうち一つを選んで値の読み書きを行う点は SRAM と同様である。しかし，SRAM の NOT ゲート対のようにそれ自体が電源駆動される能動的な素子ではなく，キャパシタという受動的な素子によって値が保持されているという DRAM の特徴のため，読み書きには複雑な動作が要求される。

8.2.2　動　　　作

例えば書込みの際，SRAM の場合は，選択された行の各セルのうち，目的とするセルへの書込みのみを行えばよかった。しかし DRAM の場合，ある行を選択すると，その行の全セルのキャパシタから電荷が列信号線に流れ出してしまい，保持されていた値は破壊されてしまう。したがって，つねに選択行のすべてのセルへ再書込みを行わなくてはならない。この目的のため，各列には**センスアンプ**（sense amplifier）と呼ばれる回路が設けられている。センスアンプは，列信号線に現れる微小信号を検出・保持し，それを増幅して列信号線に書き戻す動作をする。

書込みあるいは読出しに先立って，各列信号線をある一定の電圧まで充電したところでフローティング状態とする。この動作は**プリチャージ**（precharge）と呼ばれ，典型的には電源電圧とグラウンド電圧の中間の値が取られる。ある行が選択され，キャパシタが列信号線に接続されると，キャパシタに保持されていた値によって，列信号線の電圧はわずかに上昇あるいは下降する。センスアンプはこのわずかな変化を検出し，それぞれ電源電圧まで引き上げ，あるいはグラウンド電圧まで引き下げた状態で保持する。読出し動作の場合は，選択列の列信号線の値を出力回路へ読み出した後，行選択線を論理0に戻すことで各セルには元の値が書き戻される。

書込み動作の場合は，選択行の値を各列信号線に読み出した後，入力回路からの値によって選択列の列信号線の値を上書きする。この状態で読出し時と同様に行選択線を論理0に戻すことで，選択されていない列については元の値が，選択列については入力された値が各セルのキャパシタに記憶される。

以上のように，DRAMの動作手順はSRAMに比べて手間の多いものとなっている。また，DRAMは大容量であるがためにアドレス信号線の本数が多く，そのために必要な配線の数を節約するため，列アドレスと行アドレスの信号線を時分割で切り替えて共有することがほとんどである。この切替え動作によりさらに複雑さが増している。さらに，キャパシタに充電されている電荷は時間とともに徐々に放電されていくため，そのまま放置しておくと記憶内容が失われてしまう。このためまったくアクセスのない行に対しても，**リフレッシュ**（refresh）と呼ばれる読出し・再書込み動作が一定時間（典型的には数十マイクロ秒）ごとに必要となる†。このような動作手順の複雑さに加え，受動的な素子からの微弱な信号読出しを行うため，各手順にかかる時間も容易には短縮できない。結果として，DRAMの動作速度はSRAMと比べて低速とならざるを得ない。

なお，以上のような複雑な動作は，ある選択行の値を連続して読み出す場合は一部を簡略化できることがわかる。その行のすべてセルの値は，各列の信号線までは同時に読み出されているため，それを順に読み出せばよい。書込みについても同様のことが可能である。このような連続アクセス動作は**ページモードアクセス**（page mode access）などと呼ばれる。近年のパーソナルコンピュータ用のメモリとして主流となっている**SDRAM**（synchronous DRAM）では，同様のアクセスをクロック信号に同期して高速に行えるようになっている（**バーストモードアクセス**，burst mode access）。このように連続するアドレスのアクセスが高速に行えるという特徴は，後述するキャッシュメモリの機構がうまく働くためにも都合のよいものとなっている。

8.3 不揮発性メモリ

SRAMにせよDRAMにせよ，その記憶内容は電源の供給を断つと失われてしまう。そのため通常は，磁気ディスク装置のような補助記憶装置にデータおよびプログラムを保存しておき，必要に応じてメモリに読み出してからプログラムを実行する。

一方，半導体メモリでありながら電源を断っても記憶内容が消えないようなデバイスが便利

† このように，動的に変化する物理量を用いて記憶が実現され，リフレッシュ動作が必要なデバイスを総称して**ダイナミックメモリ**（dynamic memory）と呼ぶ。DRAMのDはこれに由来する。対義語が**スタティックメモリ**（static memory）であり，SRAMのSはこれに由来する。

な場合もある。そのようなメモリは総称して**不揮発性メモリ**（non-volatile memory）と呼ばれる。例えばコンピュータの電源投入時には，「プログラムを補助記憶装置から主記憶へ読み出すためのプログラム」の実行が必要である。そのようなプログラムは**ブートローダ**（bootstrap loader）と呼ばれ，その格納には不揮発性メモリが用いられる。組込みプロセッサの多くは不揮発性メモリを内蔵し，製品出荷時にプログラムが書き込まれる。

不揮発性メモリのうち，主として読出しに用いるものを **ROM**（read-only memory）と呼ぶ。ROM は，その言葉の定義どおりに解釈すれば書込み機能はもたないはずだが，便宜上，制限された書込み機能をもつものも ROM，あるいはそれに似た名前で呼ばれる。

文字どおりまったく書込みのできないメモリとして，マスク ROM があげられる。記憶内容が半導体製造時のマスクパターンにより決定される。容量当りの単価は最も安く製造できる。まったく同じ内容の ROM を大量生産したい場合に向いている。

これに対して，記憶内容の書込みを製造後に行うことのできるものを，**PROM**（programmable ROM）と呼ぶ。さらに，一度書き込んだものを消去する機能をもつものは **EPROM**（erasable PROM）と呼ばれる。紫外線の照射により消去可能な UV-EPROM（ultra violet erasable PROM）や，電気的に消去可能な EEPROM（electrically erasable PROM）などさまざまな方式があるが，近年は**フラッシュメモリ**（flash memory）と呼ばれる方式の EEPROM が広く用いられている。

フラッシュメモリが大容量化・低価格化したことによって，補助記憶装置としても利用される場面が多くなってきた。パーソナルコンピュータの USB ポートへ接続可能な USB フラッシュメモリはその代表例である。携帯機器やディジタルカメラ用の補助記憶装置としても広く用いられている。このような場合も，補助記憶装置であるにもかかわらず「メモリ」と呼ばれることが多いため，主記憶装置と混同しないよう注意する必要がある。同様に，例えば CD-ROM や DVD-ROM などのように，補助記憶装置のうち読取り専用のものを ROM と呼ぶ場合もある。

別の慣例として，RAM と ROM を対義語のように用い，読み書きの可能なメモリ（あるいはメモリ上の領域）を RAM と呼ぶ場合，さらに転じて主記憶自体を RAM と呼ぶ場合がある。元の語義に従えば，本節で紹介したようなランダムアクセスが可能な ROM は RAM の一種であり，本来は対義語として扱うべき関係にない†。

† あえて厳密に呼ぶならば，ROM の対義語は read-write memory になり，RAM の対義語は sequential access memory になる。しかし，これらの呼称はあまり一般的でない。

8.4 記憶階層と参照の局所性

8.4.1 記 憶 階 層

大規模な計算を高速に行うコンピュータを実現するためには，大容量かつ高速なメモリが（できるだけ安価に）利用できることが望ましい。しかし以上で見たとおり，DRAMのように大容量のメモリは動作が遅く，SRAMのように高速なメモリは容量が制限される。

このような容量と速度に関するトレードオフは，記憶装置がもつ一般的な傾向であると言える。レジスタはSRAMより高速だが，きわめて限られた容量しか記憶できない。ハードディスクはDRAMよりもずっと大容量を記憶できるが，その読み書きにはずっと時間がかかる。社内ネットワークに接続されたファイルサーバは，より大容量でより遅い記憶システムと見なせる。さらに，インターネットに接続された数多くのウェブサイトやファイル共有サービスまで，この原則を拡大して考えることができる。

このような記憶装置の傾向を考えたとき，それぞれの特性をうまく生かしながら相互補完的に利用しようと考えるのが自然である。すなわち，頻繁に使うごく少量のデータのみを高速な記憶システムに置き，使用頻度が少ないものほど低速な記憶システム上に置くようにすることで全体の効率を上げようという考え方に至る。

この考え方は，以下のようなデスクワークからの類推で考えるとわかりやすい。今，大量の書類を扱う仕事をしているとする。必要な書類があまりに多いので，すべてを机に広げて仕事をするわけにはいかない。そこで，取りあえず目先の作業で必要なもののみを机に広げ，そのほかの書類は室内の書類キャビネットに置いておくとする。書類キャビネットにすら置ききれない書類は，社内の資料室に置いておく。当面の作業が終わりつぎの資料が必要になれば，さっきまで机に広げていた書類はキャビネットにしまい，新しい書類を机に広げる。欲しい書類がキャビネットにない場合は，資料室まで取りに行かなくてはならない。そのとき，キャビネットにもう空きスペースがない場合は，どれかしばらく使わなさそうな書類を代わりに資料室に置いてくることになる。

コンピュータの場合，レジスタを上記の例でいう机の上，SRAMを室内のキャビネット，DRAMを社内の資料室にたとえて考えるとよい。これは，記憶システムにある種の階層性を導入していることにあたる。このように記憶システムを階層的に利用する考え方，あるいはその階層構造のことを**記憶階層**（memory hierarchy）と呼ぶ。

8.4.2 参照の局所性

記憶階層を導入する際，考えなくてはならないのは，それをどのように管理・運用するかということである。どのデータを高速なメモリに割り当て，どのデータを低速なメモリに残しておけばよいのだろうか。

一つの方針は，すべてプログラムに任せてしまうことである。7章までで見てきたMIPSも含めて，今日のほとんどのコンピュータは，レジスタの管理に関してはこの方針を採用している。すなわち，プログラム内で計算に用いるレジスタは直接指定され，ロード命令・ストア命令によって明示的にメモリとの移動が行われる。しかし，何重にも階層化されている記憶階層の管理を，プログラム上で（すなわちプログラマが，あるいはコンパイラが）行うのはあまりに煩雑である。何とか自動化することが望ましい。

ここで鍵となるのは，**参照の局所性**（locality of reference）と呼ばれる性質である。この性質は，さらに以下の二つに分けて考えることができる。

① **時間的局所性**（temporal locality）：　ある情報がアクセス（参照）された場合，その情報は近い将来に再度アクセスされる可能性が高い。

② **空間的局所性**（spatial locality）：　ある情報がアクセスされた場合，その情報の近くにある情報も近い将来にアクセスされる可能性が高い。

多くのコンピュータプログラムがこれらの性質をもっていることは，以下のように考えることで経験的にわかる。プログラム内で定義した変数は1回だけ参照されることよりも，一連の処理を行う中で何度も読み書きされることが多いであろう。これが時間的局所性にあたる。また，たがいに関連するデータは配列や構造体としてまとめられていることが多いため，そのうち一部が参照された場合は，近くにある関連データも近いうちに参照されると期待できる。これが空間的局所性にあたる。

データだけでなく命令に関しても同様のことが期待できる。実用的なコンピュータプログラムの大部分は，forループやwhileループなどの繰返し構造からなっていることが多い。そのため，ある命令が実行されたならば，その命令は繰り返し実行される可能性が高いと期待できる。また，命令は分岐のない限りはアドレス順に実行されるため，ある命令が実行されたならば，その後続命令もすぐに実行されるであろうと予想できる。

これらの局所性を生かすための原則は以下のとおりとなる。

① 一度使った情報は，しばらくは高速なメモリに残しておく。

② ある情報を使う際は，その情報だけでなくその周囲の情報も高速なメモリに置くようにする。

先のデスクワークの例でいえば，①は，一度使った書類は使い終わった後もしばらくは机の上に残しておくことを意味する。②は，ある書類が必要になったときに，その書類を綴（と）じてあるファイルブックごと机までもってくることを意味する。コンピュータシステムの記憶階層でも，この原理はさまざまな形で用いられている。

8.5 キャッシュメモリ

本章の冒頭で述べたとおり，コンピュータのメモリ（主記憶）は通常 DRAM で構成されるが，それを速度面で補うために SRAM も用いられている。しかし，6 章でプログラムの動作を見た際には，SRAM の存在はまったく意識する必要がなかった。それは，SRAM と DRAM の階層間のやり取りはハードウェアが完全に自動で行ってくれるからである。このように自動的に制御される高速な小容量メモリを**キャッシュメモリ**（cache memory），あるいは単にキャッシュと呼ぶ。

キャッシュメモリを備えるメモリシステムの動作の様子を，**図 8.3** に示す。

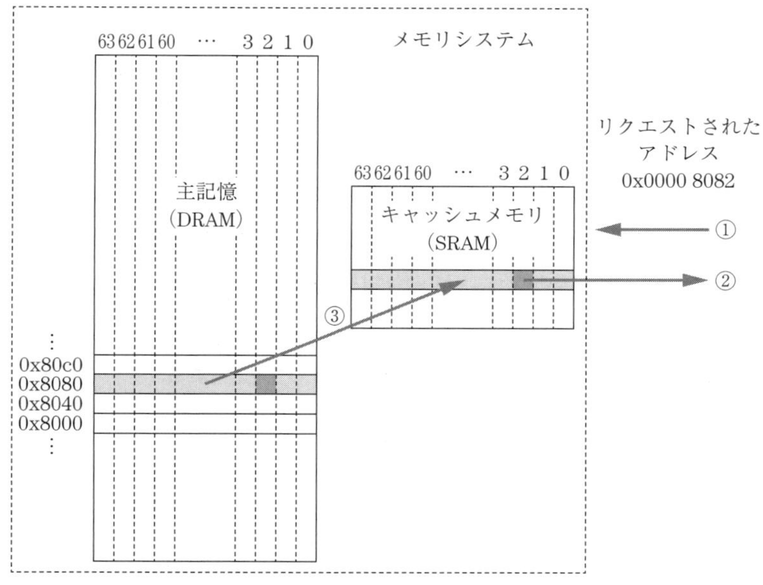

図中の主記憶のうち例えば 0x8000 と書かれた 1 行は，アドレス 0x0000 8000 から 0x0000803F までの 64 アドレス分のブロックを表す。上部の 0〜63 の数字がこのブロック内での位置を表す。0x8080 の行で 2 の列に位置する区画はアドレス 0x8082(＝0x8080＋2)をもつことになる。キャッシュメモリへのコピーは，このブロックの単位で行われる。

図 8.3 キャッシュメモリの動作例

① 主記憶のあるアドレス，例えば 0x0000 8082 からの読出しが要求されたとき，メモリシステムはそのアドレスのデータがキャッシュ上に存在するかどうかを調べ，② 存在するならばキャッシュ上の値を直接返す。③ 存在しないならば，そのデータを含む一定サイズのブロックを主記憶からキャッシュにコピーした後，②′ 要求されていた値を返す。そのような動作を実現するための構成の詳細は付録 B 章で述べる。

要求されたデータがキャッシュ上に見つかることをキャッシュが**ヒット**（hit）するといい，逆に見つからないことをキャッシュが**ミス**（miss）するという。それぞれの生じる確率，すなわちキャッシュヒット率を P_{hit}，キャッシュミス率を P_{miss} と書くと，明らかに $P_{\mathrm{hit}} = 1 - P_{\mathrm{miss}}$ である。キャッシュヒット時およびミス時のアクセスに要する時間をそれぞれヒット時間 t_{hit}，ミス時間 t_{miss} と書くと，平均メモリアクセス時間 t_{access} は

$$
\begin{aligned}
t_{\mathrm{access}} &= P_{\mathrm{hit}} t_{\mathrm{hit}} + P_{\mathrm{miss}} t_{\mathrm{miss}} \\
&= P_{\mathrm{hit}} t_{\mathrm{hit}} + (1 - P_{\mathrm{hit}}) t_{\mathrm{miss}}
\end{aligned}
$$

で表される。ミス時間とヒット時間の差 $t_{\mathrm{miss}} - t_{\mathrm{hit}}$ を**ミスペナルティ時間**（miss penalty time）t_{penalty} と呼ぶこともある。これを用いると同じ関係は

$$
\begin{aligned}
t_{\mathrm{access}} &= P_{\mathrm{hit}} t_{\mathrm{hit}} + (1 - P_{\mathrm{hit}})(t_{\mathrm{hit}} + t_{\mathrm{penalty}}) \\
&= t_{\mathrm{hit}} + P_{\mathrm{miss}} t_{\mathrm{penalty}}
\end{aligned}
$$

とも書き直せる。

平均メモリアクセス時間を小さくするためには，ヒット率を高く，ヒット時間とミス時間を短くすればよい。しかし，これらの間にはトレードオフの関係がある。キャッシュメモリの容量を大きくすればヒット率は高めやすいが，大規模化する分ヒット時間は増加する。ヒット率が高まるよう複雑な制御方式を導入すると，やはりヒット時間の増加は避けがたい。空間的局所性の強いプログラムをターゲットとする場合，まとめて転送するデータ範囲を広く取ればはヒット率は高まるかも知れないが，主記憶からのデータ転送に時間がかかるためミス時間は増加する。

このように，キャッシュメモリの構成や実現方式の選択にはさまざまな条件を考慮する必要があり，一概には決められない。一般的にはターゲットとする応用プログラムを用いたシミュレーションを繰り返し行い，製造コストとの兼ね合いで決定することとなる。

キャッシュ容量と速度のトレードオフをうまく取り扱うため，多段階のキャッシュメモリを設けることも一般的である。その場合，プロセッサに近い側から1次キャッシュ，2次キャッシュ $\cdots$（L1 cache, L2 cache, ...）のように呼ばれる。例えば，近年のパーソナルコンピュータ用のプロセッサでは，数～数十キロバイトの1次キャッシュと，数百キロバイト～数メガバイトの2次キャッシュが搭載されることが多く，さらに3次キャッシュが用意されることもある。1次キャッシュは命令用とデータ用で分離されていることが多い。

8.6　仮 想 記 憶

キャッシュメモリは，記憶階層において，主記憶に対して高速・小容量側の層を実現するもの

であった。逆に，主記憶に対して低速・大容量側の層を実現するのが**仮想記憶**（virtual memory）である。

例えばMIPSでは，6章で見たように32ビットの実効アドレスにより主記憶内の任意の位置を指定する。このことを指して，32ビットのメモリ**アドレス空間**（address space），あるいは**メモリ空間**（memory space）をもつという。容量に換算すると2^{32}バイト，すなわち約4.3ギガバイトのメモリに相当するが，MIPSプロセッサを用いるすべてのコンピュータがこの容量のメモリを物理的に備えているとは限らない。さらに，コンピュータ内で複数のプログラムが並行して実行されるような場合は，通常それぞれが独立したメモリ空間をもつように振る舞う。n個のプログラムが同時に動いている場合は，全体で$4.3n$ギガバイトの容量のメモリを要することになり，nが大きいときは，そのすべてを物理的なメモリでまかなうのが事実上不可能になる。

仮想記憶は，実際の主記憶サイズより大きなメモリ空間を，補助記憶装置を活用することで提供する機構である。これを実現するため，多くのプロセッサは**メモリ管理ユニット**（memory management unit，**MMU**）と呼ばれるハードウェアを内蔵しており，プログラムが指定した実効アドレスに応じて，主記憶あるいは補助記憶の適切な位置へのアクセスが行われるように機能する。詳細は付録D.4節で述べる。

章　末　問　題

【1】図8.1（あるいは図8.2）のメモリ回路で，アドレス信号addrとして0x1234を与えたとする。アクセスされるメモリセルは，図の何列目，何行目のものか答えよ。ただし，列・行の数え方は図中の表記に従うものとし，行アドレスデコーダ，列アドレスデコーダの出力信号も，この行番号・列番号に合わせて順序付けられているものとする。

【2】ヒット時間が1 ns，ミスペナルティ時間が20 nsのメモリシステムを考える。キャッシュミス率が5%のときの平均メモリアクセス時間を求めよ。

【3】問題【2】のシステムにおいて，平均メモリアクセス時間を1.5 nsにするために必要なキャッシュミス率を求めよ。

9 コンパイラ

6〜7 章では，機械語（正確には，それをニーモニックを用いて表したアセンブリ言語）を用いてコンピュータの動作を学んだ。しかし，その文法は人間にとって親しみやすいものではない。本章では，人間にとって扱いやすい高水準言語で書かれたプログラムを，機械語に変換するための技術について学ぶ。

9.1　高水準プログラミング言語

プログラムを開発する際，まず開発者はその動作の手順（アルゴリズム，算法，algorithm）を考えるのが一般的である。**図 9.1** に示すように「逐次」,「繰返し」,「選択」,「手続き呼出し・再帰」などを組み合わせてアルゴリズムを記述する。一方，機械語では，処理の制御構造に関しては単純なジャンプ命令や条件分岐命令だけである。このため，図の「繰返し」や「選択」のように，条件に応じて処理を切り替える条件判定処理を実現するためには，条件判定の前計算，判断，判断に基づく分岐，といった一連の処理をこれらの単純な機械命令を複雑に組み合わせて指示しなければならない。

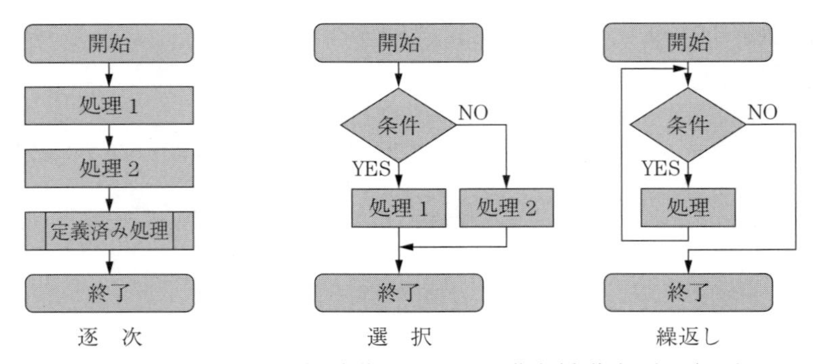

それぞれの処理は，別の場所で定義された処理の集合（定義済み処理）であってもよい。定義済み処理を記述するための文法は，関数や手続きと呼ばれる。

図 9.1　プログラムの基本構造

また，プログラム中で扱うデータに関しても，単純な整数のデータだけでなく，浮動小数点数，配列，構造体など，扱う問題に応じて論理的な構造をもたせる必要がある。複数のデータ要素を組み合わせた構造体を機械語で実現するためには，プログラマが構造体の個々の要素のメモリ配置を決定し，その操作もすべてプログラマの責任で行わなければならない。

以上のように，機械語でのプログラム開発は，プログラマに個々のコンピュータ固有の深い知識を必要とさせるなど，多大な負担を強いるとともに，プログラムが複雑になればなるほどプログラムの誤り（**バグ**，bug）が紛れ込む可能性も高くなる。さらに，できあがったプログラムの保守性・移植性も悪いものとなる。機械語によるプログラム開発には問題が多いため，より人間が理解しやすい**高水準言語**（high-level language）が考えられてきた。コンピュータは0と1の信号の組合せである機械語命令しか解釈・実行できないため，高水準言語で記述されたプログラムをコンピュータで実行するためには，何らかの方法でそのプログラムを機械語命令に変換する必要がある。この変換には，大きく分けて2種類の方式がある。

① **インタプリタ**（interpreter）方式：　高水準言語で記述されたプログラムを，逐次解釈し，機械語に変換しながら実行する方式。バイトコードなど，実行時に解釈しやすい形式に変換しておく方式もインタプリタ方式に分類されることがある。

② **コンパイラ**（compiler）方式：　高水準言語で記述されたプログラムを，一括して機械語に変換する方式。この変換を行うソフトウェアのことをコンパイラと呼ぶ。プログラム実行時には，すでに機械語に変換されているプログラムを実行する。

これらの方式は，高水準言語から機械語へ変換するタイミングが異なるものの，高水準言語で書かれたプログラムを解析して適切な機械語へと変換する言語処理システムには共通の技術が用いられている。本章では，コンパイラにおける言語処理について説明する。

9.2　コンパイラの構成

コンパイラは，データとしてプログラムを入力とし，出力（結果）として機械語命令プログラムを生成するプログラムである（**図 9.2**）†。入力となる高水準言語プログラムを**ソースコード**（source code，ソースプログラム，source program），出力となる機械語プログラムを**オブジェクトコード**（object code，オブジェクトプログラム，object program）と呼ぶ。一般的に

コンパイラは，ある言語で書かれたソースプログラムを別な言語（通常は機械語）のオブジェクトプログラムに変換（翻訳）する。

図 9.2　コンパイラ

† 多くのシステムでは，コンパイラはアセンブリ言語プログラムを生成し，それをアセンブラが機械語プログラムに変換するが，本章ではこの点は特に区別しない。

コンパイラは，**図 9.3** に示すように，六つの処理から構成される。ただし，実際のコンパイラにおいては，これらの処理が明確に区別されているとは限らない。例えば，構文解析と意味解析を同時に行うようになっていることもある。

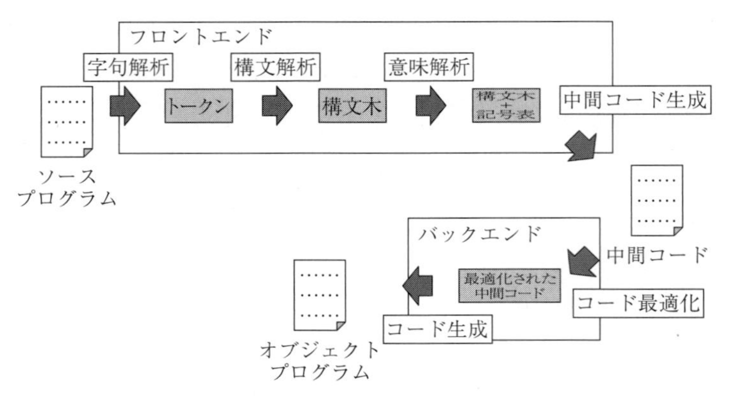

コンパイラによる処理(変換)はいくつかの段階に分けることができる。

図 9.3　コンパイラの構成（1）

なお，本章では述べないものの，ソースコードをコンパイラに渡す前に前処理を行う**プリプロセッサ**（preprocessor）や，コンパイラによって生成されたオブジェクトコードを別途開発されたライブラリと結び付ける**リンカ**（linker）もコンパイラと一緒に用いられ，これらを含めて広義のコンパイラと呼ぶ場合もある。そのほかプログラムの誤りを見つけるためのデバッガ（debugger），性能解析のためのプロファイラ（profiler）などもプログラム開発において必要不可欠なツール群である。

機械語のコードを生成するためには，その機械語を実行するコンピュータの細かい仕様を考えなくてはならない。そこで，コンピュータの詳細には依存せずにそのコンピュータ上の操作を表現できる言語として，**中間表現**（intermediate representation, IR）を定義し，ソースコードをいったん中間表現のコード（中間コード）で表す構成が現在のコンパイラでは一般的である。その後，中間コードは，さらに機械語へと変換される。

図 9.3 の中の字句解析，構文解析，意味解析，中間コード生成においては，ソースコードとプログラミング言語仕様との間の関係を解析するものであり，実際のコンピュータの構成やその機械語命令を意識する必要はなかった。ここまでの処理をコンパイラの**フロントエンド**（front end）と呼ぶ。フロントエンドとは，ソースコードを中間コードに変換するまでの処理と言い替えることもできる。

フロントエンドにおける解析結果である中間コードに基づき，コードの各要素に対して適切な機械語命令（オブジェクトコード）を生成する処理を，コンパイラの**バックエンド**（back end）と呼ぶ。バックエンドでは，共通部分式の計算（2 回以上現れる計算）を削除することや簡単な計算は事前計算により定数代入にするなど，プログラムを高速処理するための最適化と呼ばれる処理も必要に応じて行われる。機械語への変換においては，オブジェクトコードを実行するコンピュータを強く意識した処理が求められるが，すでに中間表現にされているコードを入力とするために，ソースコードが書かれていた高水準言語の種類を意識する必要はない。このようにフロントエンドとバックエンドとに役割に分けてコンパイラを構成することにより，高水準言語と機械語の組合せの数だけコンパイラを作る必要がなくなり，それぞれに対応するフロントエンドとバックエンドを作ればコンパイラを構築できる（図 **9.4**）。

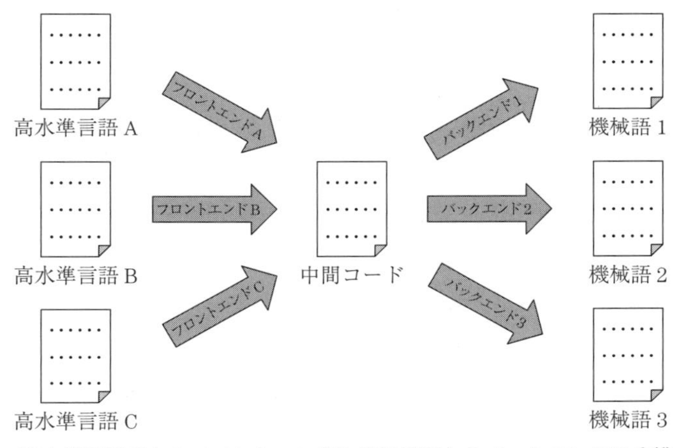

高水準言語ごとのフロントエンドと機械語ごとのバックエンドに分離。

図 **9.4** コンパイラの構成（2）

9.2.1 字 句 解 析

字句解析（lexical analysis）では，ソースコードを構成する単語（**字句**，トークン，token）を切り出し，高水準言語が定義している「if」,「while」などの**予約語**（reserved word，keyword）や，「+」,「/」などの演算子，プログラムで使われる変数などを識別する。字句の種類を定義するためには**正規表現**（regular expression）が用いられる。文字の集合 $A=\{a_1, a_2, \cdots, a_n\}$ 上の正規表現は，以下のルールにより定義される。

① ε は，空の文字列を表す正規表現である。

② A の要素 a は，1 文字 a だけからなる文字列を表す正規表現である。

③ X と Y が正規表現であれば

(a) $X|Y$ は，X と Y それぞれが表しうる文字列の和集合を表す正規表現である。

(b) XY は，X と Y が表しうる文字列を連結してできる文字列を表す正規表現である。

(c) X^* は，X が表しうる文字列を 0 回以上連結してできる文字列を表す正規表現である。

ここで，結合の優先順位は X^* が一番高く，$X|Y$ が一番低い。さらに，$[a\sim d]$ は $(a|b|c|d)$，$a+$は aa^*を表す省略記法としてよく用いられる。

例えば正規表現 $(a|b)^*c$ は，文字 a または文字 b が 0 回以上並んだ後に文字 c が続く文字列を表す。文字列 ac，$bbbc$，$ababc$，$bbaaac$，c などがこの正規表現により表される。

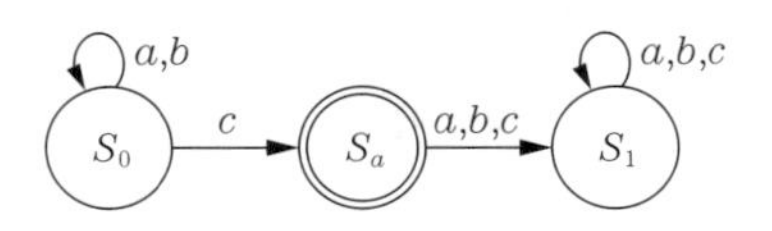

初期状態 S_0 から始めて，文字列を 1 文字ずつ入力として与えていき，最後に受理状態 S_a にいるならば，その文字列はこの正規表現により表される。

図 9.5　$\{a, b, c\}$ 上の正規表現 $(a|b)^*c$ が表す文字列を受理する有限状態機械

任意の正規表現について，ある文字列がそれにより表されるかどうかの判定は，4〜5 章で学んだ有限状態機械により行えることが知られている。**図 9.5** に $\{a, b, c\}$ 上の正規表現 $(a|b)^*c$ が表す文字列を受理する有限状態機械を示す。

正規表現を使って定義された言語の字句解析器を自動生成するツールが，これまでに多数開発，公開されている。代表的なものとして，lex や flex と呼ばれるものがある。**プログラム 9.1** は，flex に付属するマニュアルに書かれているサンプルプログラムである（一部修正してある）。%%で囲まれた部分は定義部と呼ばれ，字句解析器の動作を定義している。`DIGIT` や `ID` は定義部に入る前にマクロ定義されており，それぞれ数字と変数名を表すパターンの正規表現となっている。定義部には，正規表現で表されたパターンとそれに対する字句解析器の動作が列記されている。動作の記述を `{ }` で囲むことによって，途中で改行することができる。例えば，`DIGIT+` というパターンは数字だけからなる文字列であり，整数（integer）を表す字句である。このためこの字句解析器では，整数の字句であることを C 言語の printf 関数を用いて表示するという動作を行うように定義されている。printf 関数の第 2 引数 `yytext` は切り出された字句文字列，第 3 引数 `atoi(yytext)` はそれを整数に変換したものを表し，第 1 引数の中の `%s` と `%d` の部分がそれぞれこれらに置き換えられて表示される。このように，パターンとそれに対する動作をすべて定義することで，flex は定義された動作を行う字句解析器を自動生成する。

プログラム 9.1

```
/* scanner for a toy Pascal-like language */
%{
/* need this for the call to atof() below */
#include <math.h>

/* need this for avoiding undefined reference error */
int yywrap(void) {return 1;}
%}

DIGIT    [0-9]
ID       [a-z][a-z0-9]*
%%
{DIGIT}+     {
             printf( "An integer: %s (%d)\n", yytext,
                     atoi( yytext ) );
             }
{DIGIT}+"."{DIGIT}*        {
             printf( "A float: %s (%g)\n", yytext,
                     atof( yytext ) );
             }
if|then|begin|end|procedure|function        {
```

```
            printf( "A keyword: %s\n", yytext );
            }
{ID}        printf( "An identifier: %s\n", yytext );
"+"|"-"|"*"|"/"   printf( "An operator: %s\n", yytext );
"{"[\^{}}\n]*"}"     /* eat up one-line comments */
[ \t\n]+          /* eat up whitespace */
.           printf( "Unrecognized character: %s\n", yytext );
%%
main( argc, argv )
int argc;
char **argv;
    {
    ++argv, --argc;  /* skip over program name */
    if ( argc > 0 )
            yyin = fopen( argv[0], "r" );
    else
            yyin = stdin;
    yylex();
    }
```

9.2.2 構 文 解 析

構文解析（syntax analysis，parsing）では，字句解析処理で切り出された字句の並びが，高水準言語の文法規則に則して記述されているか否かを判断し，プログラムの構文構造を認識する。その際，プログラムが文法規則に反して記述されている場合はエラーを出力する。

正規表現は，字句解析における字句の定義には適していたが，高水準言語の構文規則を定義するには表現能力が弱すぎる。例えば，任意の数の開きかっこ・閉じかっこの対応や，任意の深さで入れ子になった if 文や while 文などを表すことができない。このことは，任意に開きうるかっこの数を覚えておくには有限の状態では足りないことより明らかである。

そのため高水準言語の構文規則は，より一般化された形式で定義される。その定義を記述するものは**メタ言語**（meta language）と呼ばれるが，最も基本的なメタ言語として**バッカス記法**（Backus Naur form，Backus normal form，**BNF**）がある。

まずは正規表現でも表すことが可能な例を見ていく。バッカス記法で，数字と英字（小文字）を定義すると以下のような記述となる。

$$\langle 数字 \rangle \ ::= \ 0|1|2|3|4|5|6|7|8|9 \tag{9.1}$$

$$\langle 英字 \rangle \ ::= \ a|b|c|d|e|f|g|h|i|j|k|l|m|n|o|p|q|r|s|t|u|v|w|x|y|z \tag{9.2}$$

ここで，「$\langle$」と「$\rangle$」で囲まれたものを構成要素と呼び，文法中で出てくる概念や変数を定義する際に用いられる。また，「 ::＝ 」は左辺を右辺で定義するという意味をもっており，「|」は「または」という意味である。すなわち，式 (9.1) では，0, 1, 2, 3, 4, 5, 6, 7, 8, 9 を数字という構成要素として定義し，式 (9.2) では a〜z の 26 字種を英字として定義している。

バッカス記法を使って自然数（正の整数）を定義すると以下のようになる。

$$\langle 非ゼロ数字\rangle\ ::=\ 1|2|3|4|5|6|7|8|9 \tag{9.3}$$

$$\langle 数字\rangle\ ::=\ 0\ |\ \langle 非ゼロ数字\rangle \tag{9.4}$$

$$\langle 自然数\rangle\ ::=\ \langle 非ゼロ数字\rangle\ |\ \langle 自然数\rangle\langle 数字\rangle \tag{9.5}$$

式 (9.3) では，0 以外の数字を非ゼロ数字という構成要素として定義している。式 (9.4) では，その非ゼロ数字という構成要素を使って数字という構成要素を定義している。式 (9.5) が自然数の定義である。非ゼロ数字はそれ 1 文字で自然数となることができる。「⟨自然数⟩⟨数字⟩」とは，自然数に続けて任意の数字の 1 文字を連結した文字列を表している。ここで，右辺にも ⟨自然数⟩ が出てきていることには注意が必要である。自然数は，自然数という構成要素自体を使って再帰的に定義されている。自然数の後続に任意の数字を連結したものも自然数である。すなわち式 (9.5) は，先頭が非ゼロ数字で，それ以外が数字となっている文字列を自然数と定義していることになる。式 (9.1)〜(9.5) のように，構文規則を定義する式を**生成規則**（production rule）と呼ぶ。生成規則の左辺に現れる記号を**非終端記号**（nonterminal symbol），右辺にだけ現れる記号を**終端記号**（terminal symbol）と呼ぶ。式 (9.1)〜(9.5) の例では，0〜9 および a〜z が終端記号であり，それ以外は非終端記号である。

構文解析処理は，字句解析処理で得られた字句の並びを，このように再帰的に定義された構文規則に照らし合わせて，文法違反がないか判断していく。バッカス記法を用いて四則演算の数式 exp を定義すると以下のようになる。

$$\langle \mathrm{exp}\rangle\ ::=\ \langle \mathrm{term}\rangle\ |\ \langle \mathrm{exp}\rangle + \langle \mathrm{term}\rangle\ |\ \langle \mathrm{exp}\rangle - \langle \mathrm{term}\rangle \tag{9.6}$$

$$\langle \mathrm{term}\rangle\ ::=\ \langle \mathrm{factor}\ |\ \langle \mathrm{term}\rangle * \langle \mathrm{factor}\rangle\ |\ \langle \mathrm{term}\rangle\ /\ \langle \mathrm{factor}\rangle \tag{9.7}$$

$$\langle \mathrm{factor}\rangle\ ::=\ \langle \mathrm{num}\rangle\ |\ (\langle \mathrm{exp}\rangle)\ |\ -\langle \mathrm{factor}\rangle \tag{9.8}$$

$$\langle \mathrm{num}\rangle\ ::=\ \langle \mathrm{variable}\rangle\ |\ \langle \mathrm{integer}\rangle\ |\ \langle \mathrm{real}\rangle \tag{9.9}$$

式 (9.6)〜(9.9) の生成規則を用いると，例えば，$A1 + (A2 - A3)/(A4 + A5)$ を図 **9.6** のような木構造で表現することができる。正規表現とは異なり，任意の深さのかっこ対応が含まれるような数式も，この生成規則で同様に扱うことができる。

図の木構造を**構文木**（structure tree）と呼ぶ。この木の葉は終端記号となっており，それ以外の節は非終端記号になっている。構文木を生成する具体的な方法は多数あるが，葉（終端記号）側から根に向かって木を構築していく方法を総称して**上向き構文解析法**（bottom-up parsing）という。生成規則の右辺の字句の並びを左辺に置換（還元）していき，根の非終端記号まで還元できれば，文法規則に沿っていることが確認される。逆に，根から葉に向かって構文木を構築していく方法を総称して**下向き構文解析法**（top-down parsing）という。

図の場合，木構造で表されている関係上，（　）で囲まれた $A2 - A3$ や $A4 + A5$ がグループ化されており，優先的に計算されることは自明である。このように構文木からプログラムの

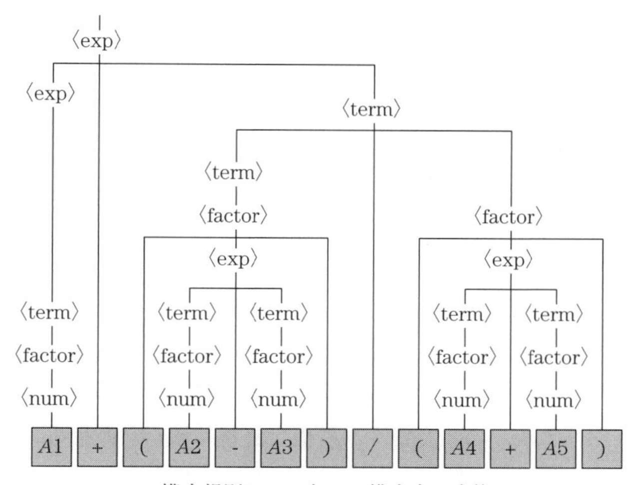

図 **9.6**　具象構文木の例

意味と関係ない情報を省略した木構造データを**抽象構文木**（abstract structure tree，abstract syntax tree）と呼び，記述どおりに表現している**具象構文木**（concrete structure tree，concrete syntax tree）とは区別することもある。図 9.6 の抽象構文木を**図 9.7** に示す。プログラムを抽象構文木に変換することで，意味とは関係ない記述の多様性を排除しつつ，プログラムの構文構造のみを表現することが可能であり，後述の意味解析以降の処理を容易にする。

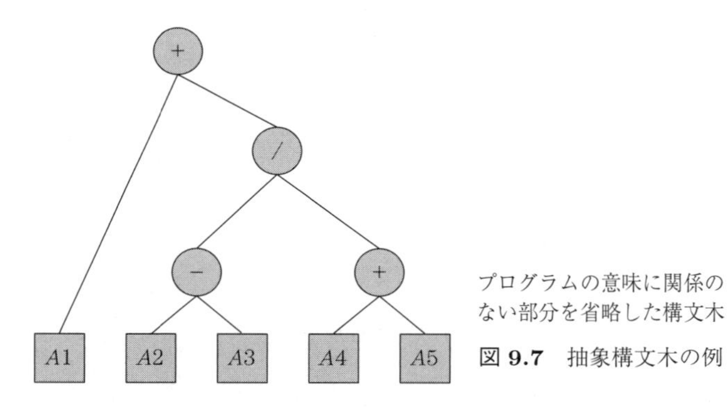

図 **9.7**　抽象構文木の例

構文規則から構文解析器を自動生成するツールも多数開発されており，yacc，bison などが代表的である。

9.2.3 意 味 解 析

意味解析（semantic analysis）とは，構文解析だけでは明らかにならない変数や式などの意味を解析することである。高水準言語では，変数などの名前（**識別子**，identifier）の宣言時に名前（変数名）だけでなく，種類（単一の変数か配列かなど）や変数型（整数か実数か文字かなど），有効範囲（scope）などが宣言され，構文解析により認識される。意味解析では，その名称の使用が宣言と矛盾していないことを解析する。

意味解析処理では，各識別子の宣言に基づいてその名称や型などの情報をまとめたものを一つの要素とする表（**シンボルテーブル**，symbol table，記号表）を作成する。さらに，構文木を走査して識別子が使用されている箇所を検出し，記号表から対応する宣言を探し出して，宣言と使用との対応付けを行う。ここで使用が宣言と矛盾している場合には，エラーや警告を出力することになる。

9.2.4 中間コード生成

コンパイラの処理中に，ソースコードはさまざまな中間表現に変換される。図 9.6 や図 9.7 で出てきた構文木も中間表現である。構文木は構文解析に適した表現形式であり，後続の最適化時には，最適化に適した別の中間表現が必要となる。実際のコンピュータは複雑であるため，それに対する操作をコンピュータに依存しないように抽象化するのは難しい。このため，抽象的に扱いやすい，簡素化されたコンピュータ（仮想マシン）を想定し，その仮想マシンに対する操作を表す中間表現が最適化ではよく利用される。

実際のコンピュータではレジスタの数が有限であり，レジスタが足りなくなった場合には現在保管されている値をいったん別のところに退避して，必要なデータだけをレジスタに保持しなければならない。そのような制約やコンピュータの細部を考えずに，最適化の処理を行いやすい形式として，**3 番地コード**（three-address code，3 アドレスコード）がある。3 番地コードでは，命令が以下のような形式で記述される。

$$z \ := \ x \ \mathrm{OP} \ y$$

ここで，OP は演算子（operator）であり，x, y, z はオペランドを示している。ここではオペランドがどこに記憶されているか考慮していない。また，:=は代入演算子を表している。コンパイラ内部では，OP, x, y, z の四つのデータの組合せ（**四つ組**，quadruple）で一つの命令が表される。この形式は機械語で採用されている形式に近いため，3 番地コードを使うことで機械語命令に近いレベルでプログラムを扱うことができる。図 9.7 の構文木を 3 番地コードで表現すると以下のようになる。

$$t1 \ := \ A4 + A5$$

$$t2 \ := \ A2 - A3$$

$$t3 \ := \ t2/t1$$

$$t4 \ := \ t3 + A5$$

$$X \ := \ t4$$

これを最後の X からたどって代入していけば，元の式に戻ることを確認することができる。

9.2.5　最　　適　　化

最適化（optimization）とは，何らかの意味でコードをよりよいものにする処理のことである。例えば，同じコードがより高速に実行されるように無駄な命令実行を省いたりする。この最適化は，コンパイラによる言語処理のさまざまな段階で行われる。特に中間コード生成の後に非常に多くの種類の最適化手法が適用され，その多くは高水準言語や対象となるコンピュータに依存しない，すなわち言語独立かつマシン独立な最適化手法である。

以下，代表的な最適化手法をC言語で書かれたプログラムを例に使っていくつか紹介する。

（a）　共通部分式の削除　　**プログラム9.2**に示すコードでは，b+cの計算を2回行っていることがわかる。

プログラム 9.2

```
a = b + c + d;
e = b + c + g;
```

このため，共通の部分式を1回の計算で行うようにコードを修正することを**共通部分式削除**（common subexpression elimination）という（**プログラム9.3**）。

プログラム 9.3

```
t = b + c;
a = t + d;
e = t + g;
```

ここではb+cの計算を1回に減らすことで，プログラムの高速化を図っている。

（b）　定数の畳込み　　**プログラム9.4**に示すコードでは，つねに結果が同じになる計算を行っている。

プログラム 9.4

```
a = 1.0 + 2.0;
b = a * 5.5;
```

このため，計算式をあらかじめ計算した結果で置き換え，実行時には計算しないことで高速化を図る最適化手法を，**定数の畳込み**（constant folding）と呼ぶ（**プログラム9.5**）。

プログラム 9.5

```
a = 3.0;
b = 16.5;
```

ここで，bの値を決めるためにaの値が伝搬されている。このような最適化手法を，特に**定数伝搬**（constant propagation）と呼ぶ。

（c）　ループ不変コードの移動　　**プログラム9.6**に示すコードで，ループ中でxとyの値が変わらないのであれば，zの値も変化しない。

プログラム 9.6

```
for (i=0;i<10;++i) {
  z = x + y;
  ...
}
```

このため，代入式をループの外に移動しても処理結果は変わらないが，実行される命令数を削減することができる。このような最適化手法を**ループ不変コードの移動**（loop invariant code motion）と呼ぶ（**プログラム 9.7**）。

プログラム 9.7

```
z = x + y;
for (i=0;i<10;++i) {
  ...
}
```

（d） 不要コードの削除　　**プログラム 9.8** に示すコードでは，return で関数から抜け出してしまうために $x = x * 2;$ が実行されることはない。このような命令されないコードを検出して削除する処理を，**不要コードの削除**（dead code elimination）と呼ぶ。

プログラム 9.8

```
void func(void)
{
    ...
    return;
    x = x * 2;
}
```

以上，代表的な最適化手法の一部を紹介した。最適化はコンパイラ技術の中でも最も重要な部分であり，さまざまな手法が開発されてきている。ここで述べた以外にもさまざまな最適化手法があることはここで再度強調しておく。

9.2.6 コ ー ド 生 成

中間コードに対して最適化を行った後に，その最適化された中間コードは機械語命令のコードに変換される。中間表現では，論理的に一つの操作が一つの命令として表現されている場合が多い。例えば 3 番地コードでは，メモリからレジスタへのオペランドの読込み，演算，演算結果の出力装置への書込みが一つの四つ組となっている。一方，機械語ではコンピュータに対する一つの操作が一つの命令となっている。この対応関係を考え，中間コードの各命令に対して適切な機械語命令を選び，最終的なオブジェクトコードが生成される。

ただし，単純な命令の置き換えだけで中間コードを機械語に変換できるわけではない。構文木や 3 番地コードなどの中間表現では，一般的に対象となるコンピュータの構成やそれによる制約は考慮されていない。このため，例えば利用可能なレジスタの数には制限がなく，一時的に算出された値を保持するために無限個のレジスタが使えることを想定している[†]。しかし，実際のコンピュータでは利用可能なレジスタの数は当然有限である。このため，有限個のレジスタを使ってプログラムを実行するために，各変数に必要なレジスタを適切に割り当てたり，レジスタ数が足りない場合に一時的にデータをメモリに退避したりする必要がある。レジスタ割当てには，各時点でどの値が必要で，どの時点でそれらの値が不要になるかといった**生存解析**（liveness analysis）が求められる。そのような解析に基づいて，各変数に対してレジスタを割り当てる必要がある。レジスタ以外にも，メモリへの配置など，対象のコンピュータを意識した情報の追加を行い，最終的に機械語のオブジェクトコードが生成される。

章　末　問　題

【１】 以下の用語について説明せよ。

(1) インタプリタ方式
(2) 高水準言語
(3) 正規表現
(4) バッカス記法
(5) 構文木
(6) 最適化

【２】 プログラム 9.1 をコンパイルして実行し，その動作を確認せよ。

【３】 $A + B * (C + D)/(E - F)$ を，図 9.7 のような抽象構文木で表せ。

† ただし，GCC（GNU Compiler Collection）で使われている RTL（register transfer language）のようにレジスタを意識した中間表現もある。

10 コンピュータネットワーク

コンピュータネットワーク（computer network）は，複数のコンピュータを接続し，その間でデータをやり取りするためのシステムである。コンピュータネットワークには，インターネットのほか，並列コンピュータを構成するための相互結合網，ハードディスクなどの複数の補助記憶装置とコンピュータを接続するためのストレージエリアネットワーク（SAN）など，さまざまなものが存在する。ネットワークに接続する機器のことを**ノード**（node）と呼ぶ。本章では，ネットワークの基本概念について述べた後，特に社会基盤として不可欠なインターネットについて説明する。

10.1 コンピュータネットワークの基本概念

10.1.1 交 換 方 式

ネットワークを構成する複数のノード間で通信を可能とする最も単純な方法は，**図 10.1**(a)に示す完全網によりすべてのノードどうしを相互に直接接続する方法である。しかしながら，ノード数が増加するにつれて接続線の数が膨大となるため，完全網は大規模なネットワークを構築するうえで現実的ではない。このため，実際には，接続線の数を抑えながら任意のコンピュータ間で通信を可能とするために，完全網に代わり交換方式に基づくネットワークが用いられて

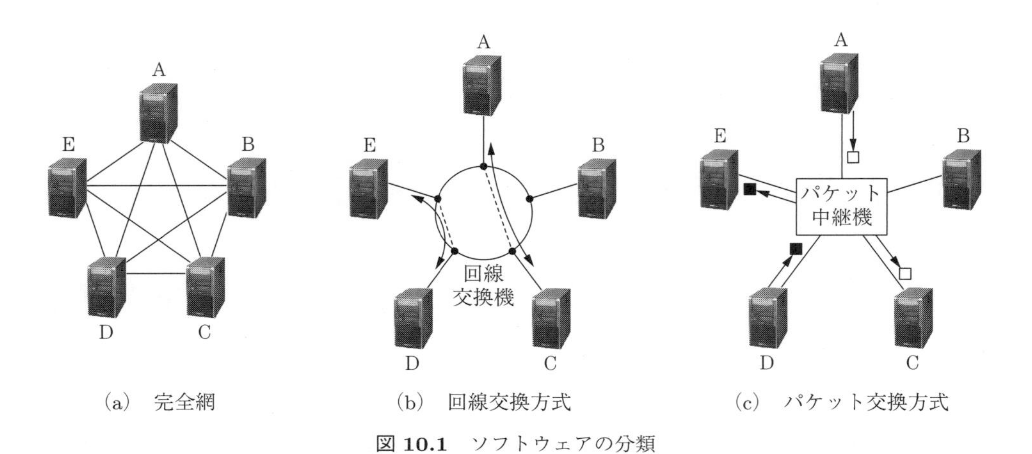

(a) 完全網　(b) 回線交換方式　(c) パケット交換方式

図 10.1 ソフトウェアの分類

いる。交換方式には，回線交換とパケット交換がある。

図 (b) に示す**回線交換方式**（circuit switching）は，古くは電話網を実現するために用いられた方式である。すべてのノードは回線交換機に接続される。回線交換機では，通信要求に応じて送受信ノード間専用の物理的接続（リンク）を確立する。一度物理的リンクが確立されると，そのノード間では大量のデータを高速に転送することが可能となる。しかしながら，リンクを確立するまでに時間がかかるほか，それぞれの通信はリンクを占有するため，一度確立したリンクが切断されるまでそのノードへ接続ができなくなるなど，異なるノード間で頻繁に通信を行うような用途には向かない。

一方，上記のリンク占有が起こらない交換方式として，パケット交換方式が広く用いられている。図 (c) に示す**パケット交換方式**（packet switching）は，手紙による通信に似た方式である。ノードは，パケット中継機を介して相互に接続されている。通信するデータを複数の**パケット**（packet）と呼ばれる小さなデータに分割し，それぞれのパケットに届け先のノード名を宛名として付けて，ネットワークに送り出す。送出されたパケットは，パケット中継機で宛先のノードに転送され相手のノードに届く。ネットワークが大規模の場合には，パケット中継機は複数となる。大きなデータを転送する場合でも，小さなパケット毎に送出・中継が行われ，ノード間の接続を長時間占有しない。このため，同時に複数のノード間のデータ転送を並行して行うことが可能となる。途中のパケットが欠落したり受信順番が異なるなど回線交換方式よりもデータ転送の品質が劣る部分もあるものの，これらの問題は通信方式を工夫することにより対処可能である。パケット交換方式は，比較的小さなデータの通信や，通信相手が頻繁に変わるような用途に向いている。

10.1.2　トポロジー

複数のノードを接続するために，さまざまな**トポロジー**（topology），すなわち幾何学的形状が考案されている。**図 10.2** はその例である。図 (a) の**バス**（bus）は 1 本の接続線にすべてのノードが接続されたトポロジーである。バス上の二つのノード間が通信を行っている間は他のノード間では通信ができない一方で，一つのノードから他のすべてのノードへの通信（**ブロードキャスト**，broadcast）が簡単に行えるという特徴をもつ。図 (b) のように複数のノードが環状に接続されたネットワークトポロジーを**リング**（ring）と呼ぶ。図 (c) のトポロジーは **2 次元メッシュ**（2-dimensional mesh）と呼ばれる。2 次元メッシュの右端と左端，上端と下端どうしを結ぶと，図 (d) の **2 次元トーラス**（2-dimensional torus）となる。図 (e) のように木構造をもつトポロジーを**ツリー**（tree）と呼ぶ。1 段階のみのツリーを（根ノードを中心と見なして）**スター**（star）と呼ぶ場合もある。ツリーではルートノード付近に通信データが集中するほか，故障に対して脆弱となる。この問題を解決するツリーが図 (f) の**ファットツリー**（fat tree）である。ルートノードに近づくにつれてリンクの数を増やしている。図 (g) は**ハイパー**

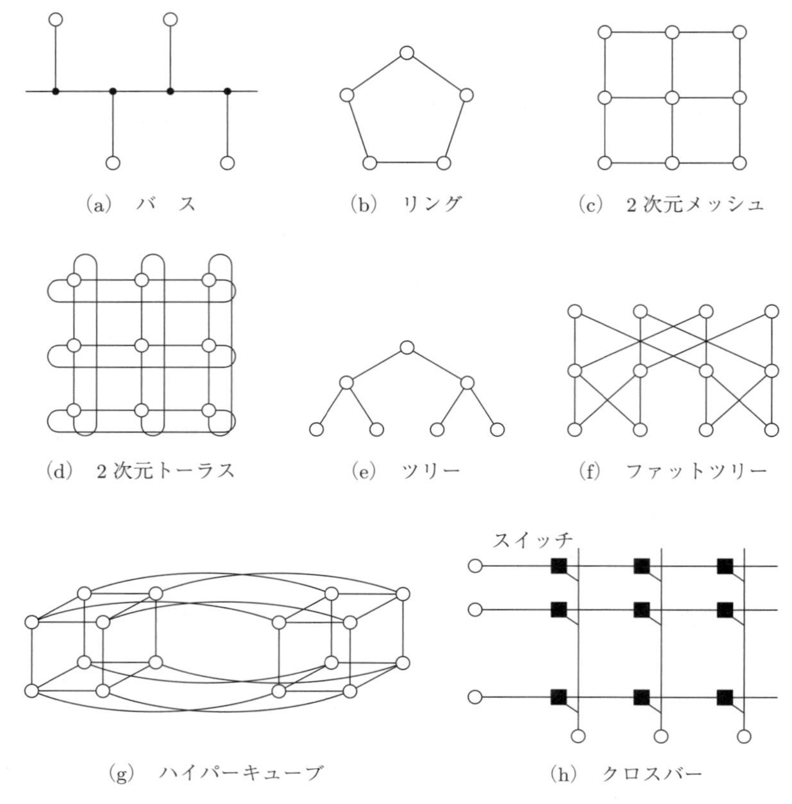

図 10.2　ネットワークトポロジー

キューブ（hypercube）である。超立体，または2進 n キューブとも呼ばれ，図 (g) は2進4キューブである。各ノードは均等に n 個のノードと直接接続される。図 (a)～(g) までのトポロジーは，接続が固定され各ノードから直接通信できるノードが限られている静的網である。一方，動的網では，図 (h) に示すように接続・切断が自由に行えるスイッチを介してネットワークが構成される。図 (h) は**クロスバー**（crossbar）網と呼ばれる。

10.2　インターネット

10.2.1　インターネットの特徴

インターネット（the Internet）は，個人の家やオフィスなどの狭い範囲をカバーするネットワークである **LAN**（local area network，構内通信網）や，支社・営業所などの拠点間を結ぶ **WAN**（wide area network，広域通信網）を，地球規模で広く相互接続したネットワークである（**図 10.3**）。インターネットの前身は1969年に米国国防総省の国防高等研究計画局（ARPA）が構築した **ARPANET**（アーパネット）である。インターネットはパケット交換方式に基づくネットワークであり，**TCP/IP** という4層からなる**通信プロトコル**（protocol,

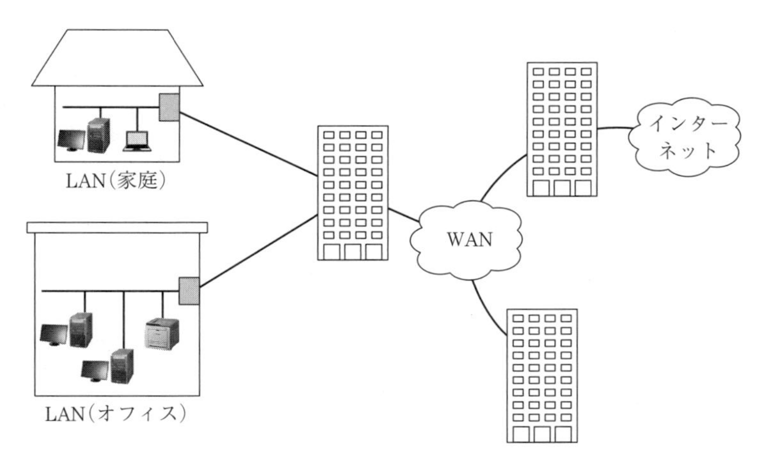

図 **10.3** LAN, WAN とインターネット

通信規約）により通信が行われる。当初は大学や研究機関，一部の企業間の接続にのみ限定されていたインターネットであるが，特に日本では，2000 年頃に低額かつ定額のブロードバンド接続が利用可能になったことをきっかけに，社会基盤として広く普及するに至った。インターネットでは，電子メール，ウェブ（World Wide Web, WWW, Web）などのサービスが日常的に利用されている。以下，本節ではインターネットの通信プロトコルを中心にその動作原理を述べる。

10.2.2 OSI 基本参照モデルと TCP/IP の階層構造

1970 年代の後半，当時メーカごとにばらばらだったコンピュータ間の通信技術を統一すべく，理想的なネットワークのモデルとして **OSI**（Open System Interconnection）**基本参照モデル**（basic reference model）がまとめられた。OSI 基本参照モデルは概念的なものであり，コンピュータ上で動く通信アプリケーションから物理的なネットワーク装置までを，それぞれ独立した機能をもつ七つの層に分けている。このように通信プロトコルを独立した階層に分離することにより，ある階層の技術が変わったとしても，階層間のやり取りを保てば全体として機能を維持することができるようになる。

図 10.4 の OSI 基本参照モデルにおいて，第 7 層の**アプリケーション層**（application layer）は，アプリケーションがネットワークを利用する際に仲介役となる部分である。第 6 層の**プレゼンテーション層**（presentation layer）では，異なるコンピュータや OS 間でも正しくデータをやり取りできるように，統一された表現形式にデータを変換する。第 5 層の**セッション層**（session layer）は，データを相手に送信可能かどうかを判別するなど，あるルールに従って通信を制御するために設けられている。第 4 層の**トランスポート層**（transport layer）は，データが確実に相手に届くようにするための層であり，例えば，複数に分割したパケットの一部が欠落したり，あるいは到着順番が異なったりした際に，それを検出し再送などの適切な処理を

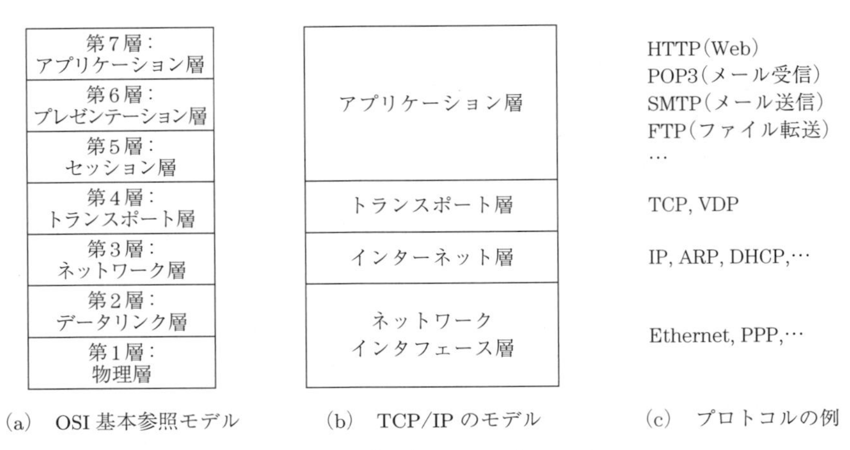

図 10.4　OSI 基本参照モデルと TCP/IP

行う。第 3 層の**ネットワーク層**（network layer）では，パケット交換方式を実現する層である。パケットの宛先を判別し，中継機器においてパケットを目的地へと中継していく役割を担っている。第 2 層の**データリンク層**（data link layer）では，ケーブルにより直接接続されたノードや中継機器間においてパケットを送受信する。第 1 層の**物理層**（physical layer）では，実際のネットワーク機器に関して，データの電気や光の信号への変換や伝送を実現する。

OSI 基本参照モデルは，あくまで理想化されたモデルである。インターネットでは OSI 基本参照モデルに基づきながらもそれとは異なる TCP/IP が採用されている。TCP/IP では，四つの階層によりプロトコルを定めている。図は，OSI 基本参照モデルとの関係を示している。第 1, 2 層はネットワークインタフェース層としてまとめられている。この層では，広く用いられている Ethernet など，ネットワークの物理的なデータ伝送技術・方式を定めている。第 3, 4 層は，それぞれインターネット層，トランスポート層に対応する。インターネット層は，IP（internet protocol）により，パケットという単位のデータを中継しながら送受信する方式を規定している。トランスポート層は，TCP（transmission control protocol），または UDP（user datagram protocol）という二つのプロトコルにより，複数パケットによるノード間のデータ送受信方式を定めている。第 5 層より上はアプリケーション層であり，ネットワークアプリケーションごとにさまざまなプロトコルが存在する。

10.2.3　ネットワークインタフェース層

ここでは，LAN を構築する際に広く用いられている **Ethernet**（**イーサネット**）を例に，**ネットワークインタフェース層**（network interface layer）を説明する。Ethernet はノード間を物理的に接続するためのケーブルの種類や伝送符号，送信速度を定めており（**表 10.1**），これらは OSI 参照モデルの物理層に相当する。この物理的な規格により，あるノードのネットワークインタフェースは別のノードのインタフェースへ，電気信号としてディジタルデータを送信す

表 **10.1** Ethernet の規格

規　格	伝送速度	ケーブル	伝送距離
10BASE-5	10 Mbps	同　軸	500 m
100BASE-TX	100 Mbps	ツイストペア	100 m
1000BASE-T	1000 Mbps	ツイストペア	100 m
10GBASE-LR	10 Gbps	光ファイバ	10 km

ることが可能となる。また，複数のノードが接続されている場合も考慮して適切な相手と正しく通信できるための方式も定めており，それらはOSI基本参照モデルのデータリンク層に相当する。

Ethernetには，大きく，メタルケーブルにより電気信号で伝送を行うものと，光ファイバにより光信号で伝送を行う2種類の規格がある。現在最も一般的に用いられているのは，100BASE-TXや1000BASE-Tといった規格である。100, 1000はそれぞれ，送信速度100 Mbps（bit per second），1000 Mbpsを示し，-Tはツイストペアケーブルにより電気信号としてデータを送信することを表している。BASEは符号化した信号を変調せずにそのまま送出するベースバンドという伝送方式を意味している。過去には10BASE-5という同軸ケーブルによりノードを接続する規格も用いられた。

Ethernetは，三つ以上のノードを相互接続する仕組をもつ。**図10.5**に示すように，同軸ケーブルによる接続では，トランシーバを介し，複数のノードが電気的に1本のケーブルにぶら下がるようにしてバス形のトポロジーを形成する。芯線を対にして寄り合わせた構造のツイストペアケーブルによる接続では，各ノードはリピータまたはスイッチと呼ばれる集線機器（ハブ）と1対1で接続される。リピータはあるケーブルから受信した電気信号を単に他のすべてのケーブルに中継して流すものであるため，そのトポロジーは実質的にはバスと等価である。一方，スイッチは情報を送信先ノードが接続されたケーブルにのみ中継するため，バス形ではなくスター形のトポロジーを構成する。ハブを多段接続することでツリー形などのトポロジーを構成

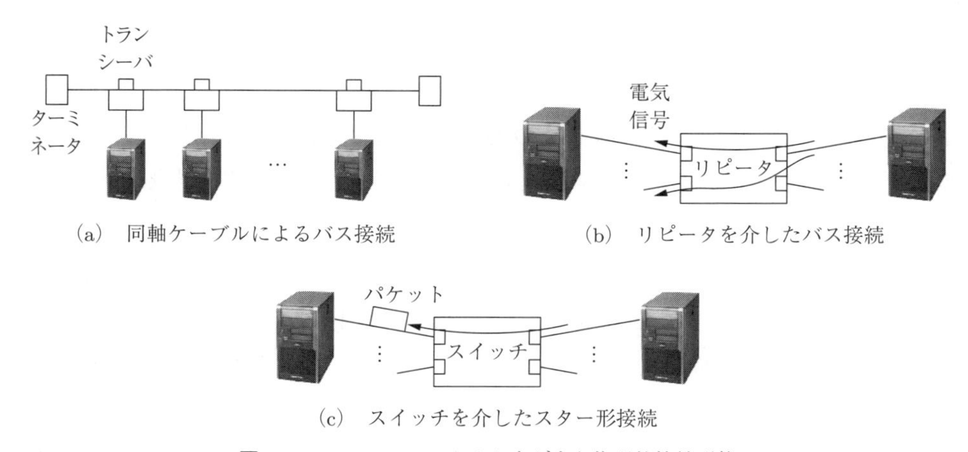

(a)　同軸ケーブルによるバス接続

(b)　リピータを介したバス接続

(c)　スイッチを介したスター形接続

図 **10.5**　Ethernet によるさまざまな物理的接続形態

することも多い。

Ethernet では，ノードは，データを小分けにしたフレームと呼ばれる単位でデータを送信する[†]。すなわち，データ送信は複数のフレーム送信を繰り返すことにより実現される。バス形の接続の場合，同時に複数のノードがケーブルに信号を送出する場合がある。これを**コリジョン**（collision，衝突）と呼ぶ。コリジョンが起こらないように，他のノードが信号を送出していないことを確認してから信号送出を開始する。もし，他のノードが信号を送出中である場合，あるいは，送出の途中でコリジョンを検出した場合には，乱数により決定した時間を待ってから，再度信号送出を試みる。このため，多数のノードが接続されかつ単位時間当りのフレーム送信数が増加すると，コリジョンが頻発し正味の通信性能が低下することとなる。これに対し，スイッチによる接続では，スイッチと各ノードをそれぞれ独立に結ぶケーブルに信号を送出するのはたかだか一つのノードかスイッチであるため，バス接続と比べてコリジョンは問題にならなくなっている。

Ethernet のフレームには，送信先のノードを示す **MAC アドレス**（media access control address）が格納されている。MAC アドレスは，ネットワーク機器ごとに与えられた，世界でただ一つの固有の番号である。**図 10.6** のように，MAC アドレスは機器メーカの番号と機器ごとの番号からなる 6 バイトにより構成される。他のノードはケーブル内を流れるフレームを監視しており，自身の MAC アドレスを宛先とするフレームを受信する。

Ethernet フレームの構成や通信手順の詳細は付録 G 章を参照されたい。

図 10.6　MAC アドレス

10.2.4　インターネット層

インターネット層（internet layer）は，インターネットにおけるパケット交換の中核をなす層であり，パケットを相手に送信するための **IP**（internet protocol）や IP アドレスに対する MAC アドレスを調べる ARP（address resolution protocol）などが含まれる。

IP では，パケットの送信先や送信元を IP アドレスにより特定する。**IP アドレス**（IP address）は，機器ごとに固有の MAC アドレスとは異なり，変更が可能な論理的な番号である。現在おもに利用されている IPv4（IP version 4）では，32 ビット IP アドレスを使用する。この 4 バイトの IP アドレスは，人間が扱いやすいように，ドット「·」で区切った四つの 10 進数によ

† このように，プロトコルによって「パケット」に相当するものに異なる呼び名が与えられていることがある。後述するように，TCP ではセグメントという用語を用いる。IP や UDP ではデータグラムという用語が用いられる場合がある。

り表記されることが多い（**図 10.7**）。各ノードには任意の IP アドレスを与えてよいわけではなく，ノードが接続された LAN などのネットワーク（**サブネットワーク**，subnetwork）に付けられたネットワークアドレスを共通にもつアドレスを設定する必要がある。ネットワークアドレスと IP アドレスの例を図 10.7 に示す。この例では，ネットワークアドレスは IP アドレスの上位 24 ビットを残した値 198.51.100.0 となっている。このサブネットに属するノートには，下位 8 ビットのみを変えた値を IP アドレスとして設定することができる。このように，32 ビットのうちネットワークアドレスを表す上位 n ビットを区別するために，IP アドレスのほかにサブネットマスクを設定する。n=24 の場合には，サブネットマスクは上位 24 ビットのみをすべて 1 にした値となる。10 進数表記では，255.255.255.0 となる。サブネットマスクと IP アドレスのビットごと論理積（AND）を計算すると，ネットワークアドレスが求められる仕組である。また，198.51.100.8/24 のように，n の値を IP アドレスに併記する表現もある。

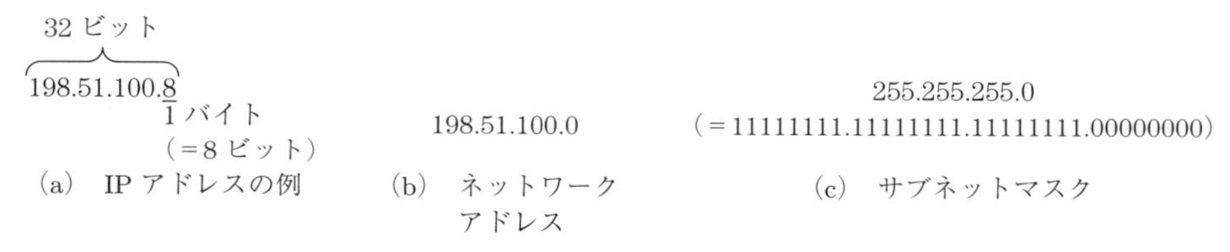

図 10.7 IP アドレス，ネットワークアドレス，サブネットマスク

図 10.8 のように，IP では，上位層より送られたデータに対し，送信先 IP アドレスや送信元 IP アドレスを含む IP ヘッダを付加して IP パケットを生成する。この IP パケットをデータとして，送信先 MAC アドレスと送信元 MAC アドレスとともに下位層へ渡すことによりパケットを送信する。この際，送信先ノードが IP パケットを送信するノードと同じサブネットに属するかどうかにより，送信先 MAC アドレスが異なる。**図 10.9** に，IP パケットの送受信およびルーティング（中継）の例を示す。

図 10.9 中の①は，同一サブネットのノードに IP パケットを送信する場合である。ノード A-1

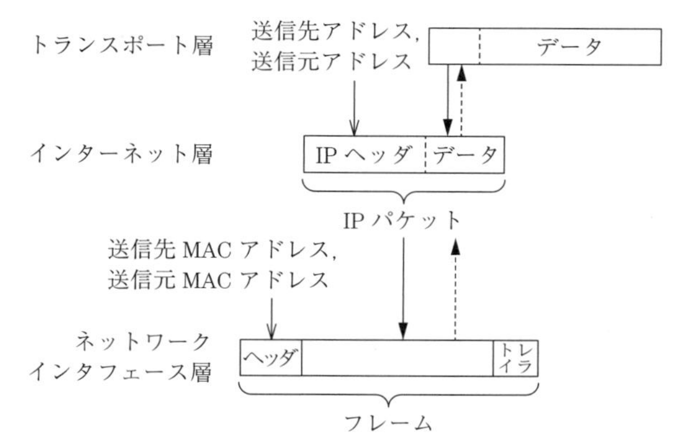

図 10.8 IP パケットの生成

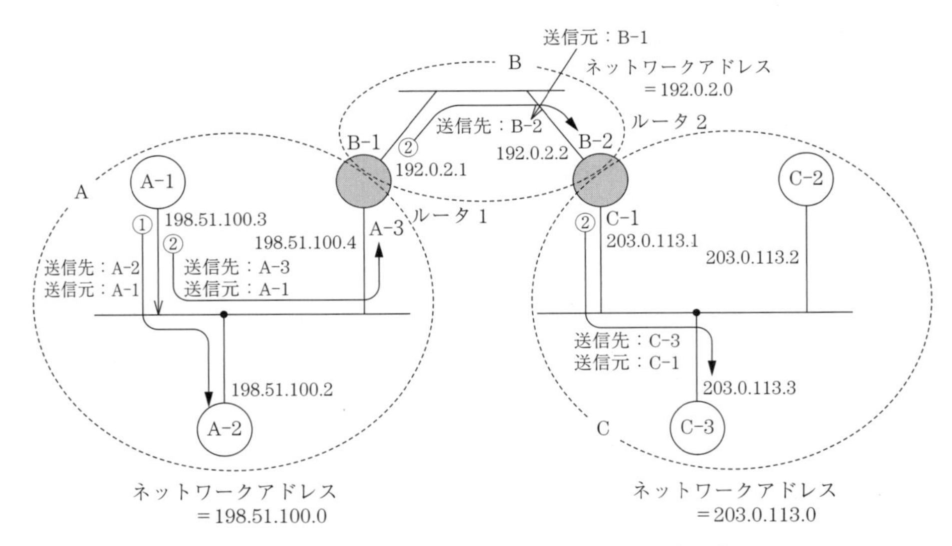

図 10.9　IP パケットの送受信およびルーティング（中継）例

は，IP アドレス 198.51.100.2 のノードにパケットを送信するところである。この IP アドレスをもつのはノード A-2 であり，A-1 の IP アドレスとサブネットマスク部分が共通であることから，同じサブネットへの送信であることがわかる。この場合には，下位のネットワークインタフェース層に対し，A-2 の MAC アドレスを送信先アドレス，A-1 の MAC アドレスを送信元アドレスとして IP パケット送信を依頼する。

一方，②，②′，②″ は異なるサブネットのノードへ送信をする場合である。この例では，ノード A-1 は IP アドレス 203.0.113.3 へ IP パケットを送信している。A-1 の IP アドレスとはサブネットマスク部分が異なるため，送信先 IP アドレスは別のサブネットに存在することがわかる。この場合には，サブネット外へパケットを中継するため，ほかのサブネットと接続する役割を担う**ルータ**（router）のノードへ IP パケットを送信する。多くの場合，あるサブネットに存在するルータは一つであり，各ノードにはそのルータの IP アドレスがデフォルトルータ（デフォルトゲートウェイ）として登録されている。

サブネットがほかの複数のサブネットと接続されている場合は，ルータも一般に複数存在する。この場合には，各ノードは自分のもつ**ルーティングテーブル**（routing table，経路表）を参照し，宛先ネットワークアドレスごとに適したルータを選択してパケットを送信する。

図 10.9 の②の例では，ノード A-1 は，デフォルトルータであるノード A-3 の MAC アドレスを送信先として IP パケットを送信する。この際，IP パケットのヘッダに含まれる送信先および送信元 IP アドレスは，あくまで 203.0.113.3，198.51.100.3 のままである。このパケットを受け取ったノード B-1 は，このパケットを IP アドレス 203.0.113.3 へ送信しようとする。この IP アドレスは同一サブネット外のアドレスであるため，ルーティングテーブルにより宛先 IP アドレスに対し適切なルータ 2 へ IP パケットを送信し，サブネット C への中継を行う。IP

パケットのヘッダは元のままである。最後に，IP パケットを受け取ったノード C-1 では，宛先 IP アドレスが同じサブネットに属するものであるため，そのノードの MAC アドレスに対し IP パケットを送信する。以上のようにして，IP は，接続されたネットワーク間を中継しながら目的のノードへパケットを送信する。

ここまで読み進めて不思議に思った人はいないだろうか。各ノードが IP パケットを送信する際，送信先として IP アドレスが指定されるのみであり，送信先ノードの MAC アドレスは不明である。しかしながら，最終的にネットワークインタフェース層におけるフレーム送出では，同一サブネット内における送信先ノードの MAC アドレスを指定する必要がある。このため，同一サブネット内の各ノードについて，IP アドレスに対する MAC アドレスを調べるプロトコル **ARP**（Address Resolution Protocol）が用意されている。ARP では，MAC アドレスを知りたい IP アドレスをデータフィールドへ書き込み，プロトコルのタイプを ARP としてネットワークインタフェース層へ渡す。この際，送信先 MAC アドレスとして，サブネット内の全ノードが宛先となるブロードキャストアドレスを指定する。このようにして，サブネット内の全ノードに MAC アドレスの問合せが送信される（**図 10.10**①）。これに対し，該当する IP アドレスをもつノードは，問合せの送信元の MAC アドレスへ，自分の MAC アドレスをデータに書き込んだパケットを送信する（②）。以上のようにして，IP アドレスをもつノードの MAC アドレスを知ることができる。このような問合せを毎回行うと効率が悪いため，実際には，一度問い合わせた IP アドレスと MAC アドレスの組を一定時間テーブルに記憶し，問合せの回数を減らすなどの工夫がされている。このテーブルを ARP テーブルと呼ぶ。

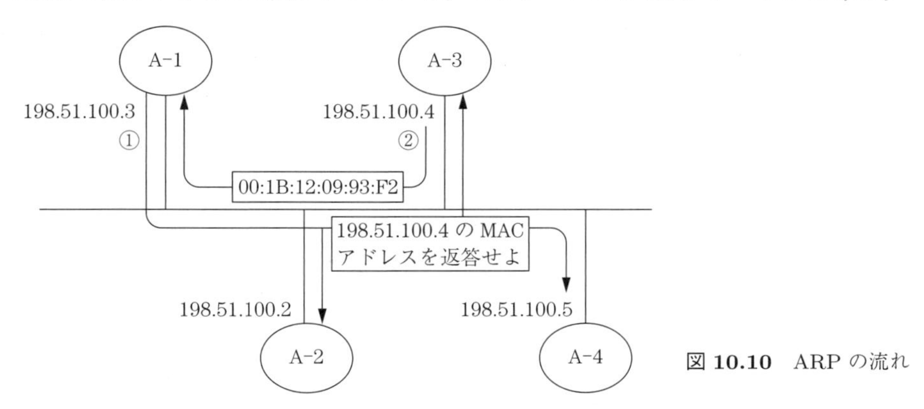

図 10.10　ARP の流れ

10.2.5　トランスポート層

10.2.4 項で述べたように，インターネット層は，送信先 IP アドレスを指定して，ネットワーク間の中継を行いながら単一の IP パケットを宛先へ送り届ける機能を提供している。しかしながら，これだけでは，同じコンピュータで動く複数のアプリケーションに対するパケットを区別することはできない。また，送信すべきデータを複数のパケットに分割して送信する際，途中のパケットが途中経路の不具合などにより失われた場合にはデータ送受信が不完全となるため，何らかの対処が必要となる。これらの要求に対して，**トランスポート層**（transport layer）は **TCP**（Transmission Control Protocol）と **UDP**（User Datagram Protocol）の二つのプロトコルにより適切なデータ伝送を実現する。

インターネットにおいて利用可能な各種のサービスは，サービスを提供するコンピュータ（サーバ）上で動くサーバソフトウェアにより実現されている†。例えば**図 10.11** では，サーバにおいて，メールサーバとウェブサーバが動いている。このサーバに対しクライアントのソフトウェアが通信を行うことにより，メール送信やウェブ閲覧といったサービスを利用することができる。このように，同一のノードにおいて動作する複数のアプリケーションのそれぞれに対しデータを送信する場合に用いられるのが，ポートである。**ポート**（port）とは，データ受信の仮想的な受付窓口のようなものであり，0 番から順に番号（**ポート番号**，port number）が付けられている。0 から 1023 番までのポート番号は，ウェルノウン（well known）ポート番号として各種のサーバプログラムに割り当てられている。例えば，メール送信に用いられる SMTP（Simple Mail Transfer Protocol）サーバには 25 番のポートが，ウェブページの閲覧に用いられる HTTP（Hyper Text Transfer Protocol）サーバには 80 番のポートが割り当てられており，これらのサーバプログラムは自分のポート番号へのデータ受信を監視している。クライアントソフトウェアはこれらのポート番号を指定してデータを送信することにより，望みのサーバと通信を行う。例えば，図では，ブラウザはサーバの 80 番ポートに対しページ閲覧要求のデータを送信する（①）。これを受け取ったサーバ上のウェブサーバプログラムは，ブラウザが指定した 3001 番のポートへウェブページのデータを送信する（②）。ブラウザは受け取ったデータを画面に表示する。このように，1024 番以降のポートは，クライアントのアプリケーションソフトウェアが自由に使用可能となっている。

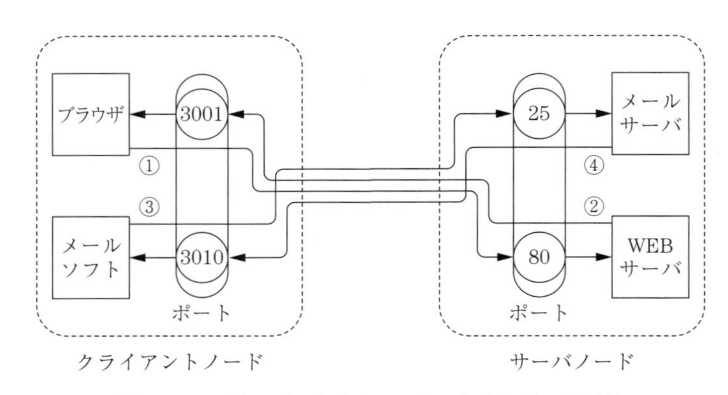

図 10.11　サーバ，クライアント，およびポート番号

† このように**サーバ**（server）という用語は，コンピュータ自体を指す場合と，その上で実行されるソフトウェアを指す場合があるため，文脈により判断する必要がある。サービスを受けるほうのコンピュータまたはソフトウェアを指す**クライアント**（client）についても同様である。

多くのソフトウェア環境では，**図 10.12** に示すように，ノードの IP アドレスとポート番号の組を**ソケット**（socket）と呼ぶ API（application programming interface, 付録 D.2.1 項）によりまとめて取り扱う。TCP 通信を行うアプリケーションは，ソケットを用意したうえで，そのソケットを通して相手ノード上のアプリケーションとデータのやり取りを行う。この意味で，ソケットは，TCP/IP によりソフトウェアがデータを送受信するための仮想的なインタフェースであると言える。

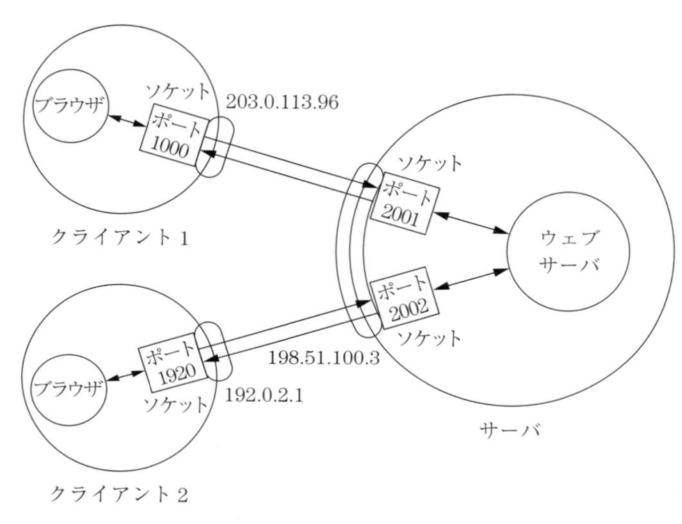

図 10.12　IP アドレスとポート番号の組（ソケット）

TCP は，データを複数のセグメントに分割しながら IP パケットを送受信することにより，ソケット間のデータ通信を実現するためのプロトコルである。**図 10.13** に示すように，まず，アプリケーション層から渡されたデータを分割し，TCP ヘッダを付加して TCP セグメントを生成する。TCP ヘッダには，宛先ポート番号などの情報が含まれる。これを下位層のインターネット層へ渡すことにより，IP パケットとして宛先 IP アドレスへ送信を行う。必要な数の TCP セグメントについてこのような送信を行うことにより，ソケット間のデータ送信が実現される。

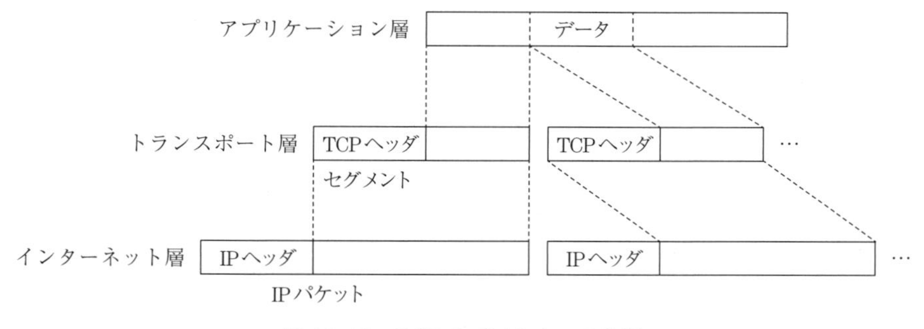

図 10.13　TCP セグメントへの分割

TCP では，単に IP パケットを相手に送信するだけでなく，パケットが相手に確実に届いたかどうかを確認しながら信頼性の高いデータ送信を行っている。まず，TCP では，通信を行う際に送信ノードと受信ノード間に仮想的通信路とでもいうべきコネクションを確立し，仮想的に接続状態とする。コネクションを確立すると，受信側は送信されるパケットに応答できる状態となる。

以降，送信側と受信側でデータの送受信が行われるが，信頼性を確保するため，パケットが届いたことの確認や，届かないときの再送処理，受信側の処理が間に合わない際に送信を一時的に停止するフロー制御などが行われる。詳細は付録 G 章で説明する。

UDP は TCP から確認応答やパケット再送，フロー制御などを取り去ったシンプルなプロトコルである。動画像データのストリーミング配信などのように，途中のパケットが多少失われても致命的でなく，むしろデータ送信速度のほうが重要なアプリケーションに用いられる。

10.2.6 アプリケーション層

トランスポート層により，異なるコンピュータ上で動作するソフトウェア間におけるデータのやり取りが可能となった。**アプリケーション層**（application layer）では，個々のアプリケーション（サービス）ごとに必要な情報を送受信するための手順（プロトコル）が用意されている。例えば，ウェブページを受け取るための HTTP（Hyper Text Transfer Protocol），メールを送信するための SMTP（Simple Mail Transfer Protocol），受信メールを受け取るための POP3 (Post Office Protocol 3)，ファイルを送受信するための FTP（File Transfer Protocol）などがある。

実際の通信手順はプロトコルごとに異なる。具体例を付録 G 章で紹介する。

10.3 DNS

10.2 節では，インターネットにおける宛先の IP アドレスを指定してデータ通信が行われることを述べた。しかしながら，特にブラウザによりウェブページを閲覧する場合には，198.51.100.7 といった IP アドレスのかわりに http://www.eng.example1.co.jp という英文字とドットからなる名前を **URL**（unified resource locator）として指定することが多い。URL の冒頭の http://は，データを要求する際のプロトコルが HTTP であることを表し，続く www.eng.example1.co.jp がインターネット上の所在を示す**ドメイン名**（domain name）である。実際にコネクションを確立し通信を行うには，ドメイン名をそのノードの IP アドレスに変換する作業が必要となる。以下，本節では，ドメイン名から IP アドレスへの変換のために用意されている，**DNS**（domain name system）について述べる。

10.3.1　IP アドレスとドメイン名

10.2.4 項では，各ノードは 198.51.100.7 といった IP アドレスをもつこと，また，IP アドレスは，198.51.100.0 のように上位の n ビットにより表されたネットワークアドレスと，下位のホスト番号からなることを述べた。しかしながら，このような数値によるアドレスは人間にとって使いづらい表現である。また，アドレスを見ただけではそのアドレスがどのような組織のものか簡単にはわからない。このため，IP アドレスに対し英数字からなるドメイン名を付けることが考え出された。

例えば，www.eng.example1.co.jp がドメイン名の例である。ドメイン名として意味のある文字列を使用し階層的に名前を付けることにより，例えば**図 10.14** に示すように，このドメイン名が日本の会社 example1 のアドレスであることがわかる。また，ノードの IP アドレスが変更されても，ドメイン名から IP アドレスへの変換を何らかの方法で更新さえすれば，同じドメイン名のままでそのノードと通信を行うことができて，とても便利である。

実際には，ドメイン名は**図 10.15** のような階層構造をもつ。このような，ルートから始まり，上位から下位へとドメインを選択していき，ホスト名に至る構造を，ドメイン名空間と呼

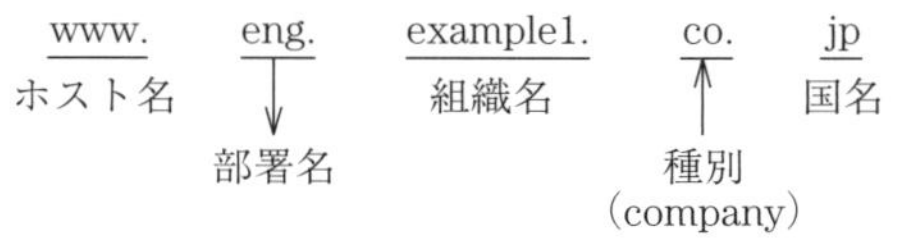

www.　eng.　example1.　co.　jp
ホスト名　部署名　組織名　種別 (company)　国名

図 10.14　ドメイン名の形式

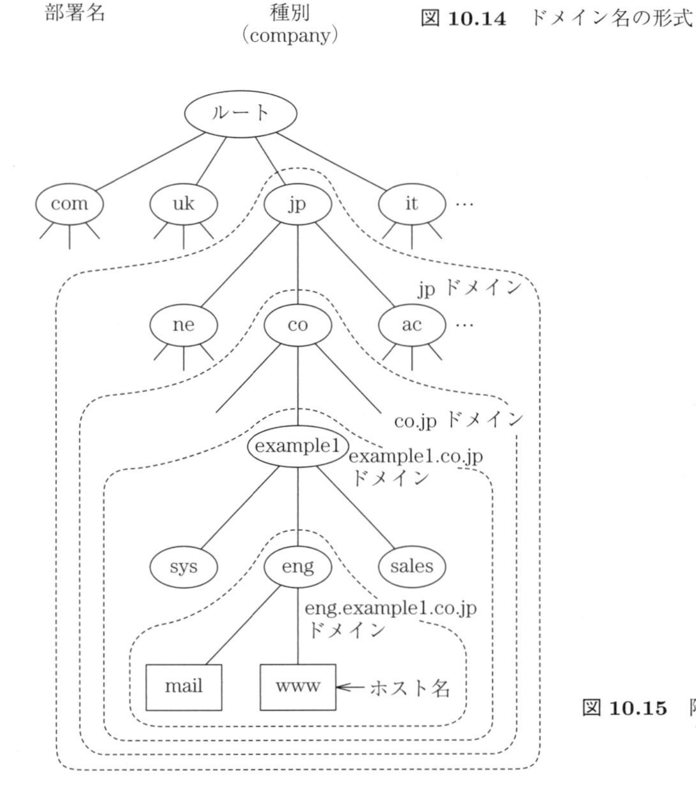

図 10.15　階層構造をもつドメイン名空間

ぶ。ドメイン名空間はインターネット上のすべてのドメインとホスト名からなり，ルートから順にたどることによりすべてのホストをドメイン名として表現可能となっている。例えば www.eng.example1.co.jp の例ではまず，最上位のドメインとして日本という国を現す jp が，つぎに，組織の種別を表す co（企業）が与えられている。このように，最上位とそのつぎのドメインは，**表 10.2** に示すように国名と組織の種別を表すことが多い。続いて企業名 example1 が組織名として与えられ，その企業の中のエンジニアリング部門のネットワークに付けられたドメイン eng，最後にウェブサーバのホスト名 www が与えられている。このように，ドメイン名は，ルートからたどるドメインやホストをドットにより区切り，右から左へと並べて表記されている。

表 10.2　国名・組織の種別を表すドメインの例

<table>
<tr><th>ドメイン</th><th>国　名</th><th>ドメイン</th><th>組　織</th></tr>
<tr><td>jp</td><td>日　本</td><td>go</td><td>政府機関</td></tr>
<tr><td>uk</td><td>イギリス</td><td>co</td><td>企　業</td></tr>
<tr><td>fr</td><td>フランス</td><td>ne</td><td>ネットワークサービス関連</td></tr>
<tr><td>de</td><td>ドイツ</td><td rowspan="2">ac</td><td rowspan="2">大学・研究機関</td></tr>
<tr><td>cn</td><td>中　国</td></tr>
<tr><td>kr</td><td>韓　国</td><td>or</td><td>その他</td></tr>
</table>

（備考）米国のドメインは省略。

10.3.2　DNS による名前解決

ドメイン名，ドメイン名空間はあくまで論理的なものであり，通信に必要な IP アドレスに変換を行うには，ドメイン名と IP アドレス間の対応関係を情報としてもつデータベースを構築する必要がある。しかし，インターネットに接続されるホストの数は膨大であり，また，ホストの追加・削除が各所で起こりうることと，耐故障性および変換速度を考慮して，このデータベースは複数のサーバにより分散管理されている。分散されたデータベースと，それらに対するクライアントからの IP アドレスの問合せ方式を併せたものが DNS である。

ドメイン名から IP アドレスへの変換データベースを管理するサーバを**ネームサーバ**（name server），または **DNS サーバ**（DNS server）と呼ぶ。図 10.15 のドメイン名空間の階層構造に対応するように，世界中に多数のネームサーバが設置されている。まず，ルートに設置されているのがルートネームサーバである。ルートネームサーバは，その直下の jp などの国別ドメインを管理するそれぞれのネームサーバの情報のみをもつ。jp ドメインを管理するネームサーバは，jp の下位のドメインを管理するネームサーバの情報のみをもつ。同様に，co.jp ドメインを管理するネームサーバはその下のドメインを管理する個々のネームサーバの情報をもつ。最後に，example1.co.jp ドメインを管理する example1 社のネームサーバは，そのドメイン内のすべてのネットワークやホストの IP アドレス情報をもつ。DNS にもこのような階層構造を与えることにより，例えば，example1 社のウェブサーバ www.eng.example1.co.jp の IP アドレスが変わる場合でも，example1.co.jp のネームサーバ内の情報を変更するのみで済む。

図 10.16 は，これらの分散されたネームサーバによりドメイン名から IP アドレスへの変換を行う例を示す。この変換のことを，名前解決と呼ぶ。この例では，example2 の大学のクライアント host1 が www.eng.example1.co.jp の IP アドレス問い合わせている。まず，クライアントには，最低一つのネームサーバの IP アドレスが登録されている。この例では，ローカルなネームサーバである，dns.example2.ac.jp の IP アドレスがデフォルトネームサーバとして登録されており，クライアントはそこに最初の問合せを行う（図 10.16①）。このネームサーバは，問い合わされたドメイン名の IP アドレス情報がない場合，ルートネームサーバへの問合わせを行う（②）。ルート DNS サーバには www.eng.example1.co.jp の IP アドレスが直接登録されているわけではないため，そのドメインである jp ドメインを管理するネームサーバの IP アドレスを応答する（③）。つぎに，example2 の大学のネームサーバは，jp ドメインのネームサーバへ同じ問合せを行う（④）。これに対し，jp ドメインのネームサーバはさらに下位の co.jp のネームサーバの IP アドレスを応答する（⑤）。以下，同様にして，co.jp のネームサーバ，example1.co.jp のネームサーバへの問合せを順に行う（⑥，⑦，⑧）。example1.co.jp のネームサーバは，自身の管理する www.eng.example1.co.jp の IP アドレスを応答する（⑨）。最後に，dns.example2.ac.jp のネームサーバは得られた IP アドレスをクライアントへ送信する。

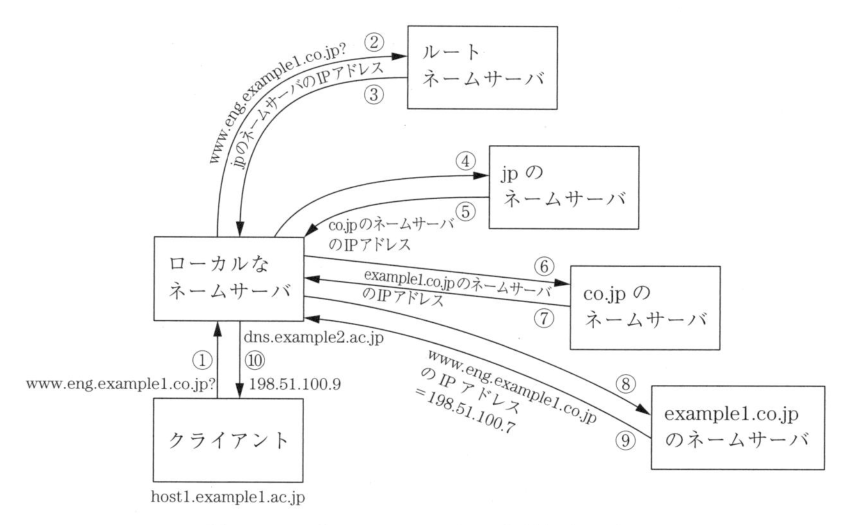

図 10.16 ネームサーバによる名前解決の手順

この例のように毎回ルートネームサーバへの問合せから始めると，インターネットは名前解決のための通信であふれてしまう。このため，実際には各ネームサーバは他のネームサーバのデータを一部保持するキャッシュ機能をもち，例えば dns.example2.ac.jp は，ルートネームサーバではなく直接 example1.co.jp のネームサーバへ問合せを行うようになっている。

10.4　インターネットのセキュリティ

インターネット上では，さまざまなアプリケーションやサービスが利用可能であり，非常に便利となっている一方で，不正な利用などに対して安全面での注意と対策が必要である。本節ではインターネットのセキュリティと起こりうる脅威について述べる。

インターネット上の脅威は，特定のユーザしか行えないはずの操作の不正な実行や，インターネットにおいて提供されているサービスの妨害に大きく分けられる。前者の例としては，本来パスワード認証を経てログインしネットワークを介してサーバを操作するシステムに対し，不正にログインし，機密情報を盗むことや改ざんすること，あるいは，さらなる不正アクセスのための踏み台にすることなどがあげられる。不正にログインするために，パスワード情報を盗聴などにより不正に取得したり，あるいはシステムの脆弱性（セキュリティホール）を悪用してシステムに侵入したりするなどの行為が行われる。

サーバに対する不正侵入を行うためには，サーバの存在とその IP アドレスを知る必要がある。このために，**ポートスキャン**（port scan）と呼ばれる操作が行われることがある。サーバでは，各種サーバプログラムはそれぞれ固有のポートにより通信を受け付けている。ポートスキャンは，絨毯（じゅうたん）爆撃のごとく，あらゆる IP アドレスに対しあらゆるサーバプログラムのポート番号を順に問い合わせていくことにより，サーバの存在とそこで動作しているサービスプログラムを検出する。特に，インターネットに直接接続されて外部ネットワークからアクセス可能なコンピュータには，絶えず世界中からポートスキャンがくるものと考えて間違いではない状況である。

ポートスキャンによりセキュリティホールの残ったサービスプログラムが検出されると，今度はそのセキュリティホールに対する攻撃が行われ，最悪の場合システムに侵入されてしまう。ここで侵入とは，そのシステムのユーザとしての操作権限を不正に得ることを指すが，特に管理者権限が得られてしまうと，そのシステムに対するいかなる変更やプログラム実行も可能となってしまう。そのような行為を行う一連の操作をまとめたプログラムが悪意をもって配布されていることもあり，それほど高い技術力をもった人でなくとも実行可能となっている。したがって，これらの行為が試みられることは日常茶飯事と考えて，日々注意することが必要である。これらの行為からシステムを守るためには，不要なサービスを停止する，セキュリティホールをなくすべく，つねにシステムやサービスプログラムを最新の状態に更新する，あるいはファイヤウォールなどを設定し，サーバコンピュータを，直接インターネットからアクセスできないようにするなどの対策が有効である。

サービスを妨害する例としては，メールサーバへ大量のメールを送り付け，メールボックスをあふれさせることによりメールの受信サービスを妨害したり，ウェブサーバへ大量のパケットを一度に送信してネットワークインタフェースの負荷を高めることにより，正常なアクセスにも応答不能な状態にするなどがあげられる。後者のように，正常なサービス提供を不能にする行為は**DOS 攻撃**（denial of service attack）と呼ばれている。DOS 攻撃は，不正に侵入された複数のコンピュータに DOS 攻撃用のプログラムを仕掛けて大規模に行われることもある。受信者の意向を無視して業者などにより無差別かつ大量に一括して送信される，いわゆる迷惑メール（SPAM）も，人間であるユーザを対象にした妨害行為に該当するとも言えよう。

上記のような能動的な不正行為に対して，仕掛けられた罠のような受動的な脅威も存在する。例えば銀行などのウェブサイトをそっくり真似たウェブサイトを作成して正しい URL に似た URL で閲覧できるようにし，あたかも本物のようにユーザをだましてパスワード入力などをさせる**フィッシング**（phishing）という行為がある。偽のウェブサイトの URL を迷惑メールに掲載し，悪意をもって受信者をそのウェブサイトに誘導するといった行為と併用されることが多い。これを避けるためには，特にパスワードによる認証を行う場合には，信頼のおけないリンクをたどってそのウェブサイトを閲覧するのでなく，正しい URL を入力すること，正しい URL が表示されているのを確認すること，SSL などの暗号技術により正規サイトであることを確認することなどが重要である。特に悪質な場合には，DNS 情報の書換えにより，正しい URL が入力されているにもかかわらず悪意のあるサイトに接続させる罠が仕掛けられていることもあり（ファーミングなどと呼ばれる），URL の確認だけでは不十分とも言える。

これらのような手の込んだ手法でパスワード情報や身元情報を不正に盗むほかにも，リンクをクリックするのみといった単純な操作に対して一方的に契約を通知し，不当請求により金銭をだまし取る詐欺行為が行われることも多い。そのような詐欺の被害に合わないためには，信頼のおけないウェブサイトを閲覧しないことや，不当請求に対してもあわてずに行動することが肝心である。電子商取引法により不当請求は法的に無効であることが多いが，そのような知識をあらかじめ身につけておくほか，必要ならば警察や消費者センターへ連絡をすることが望ましい場合もある。

そのほか，コンピュータウィルスによる被害もある。**コンピュータウィルス**（computer virus）は本来，他のプログラムを書き換えてその一部となり（感染），それが実行された際に自己をさらに他のプログラムに感染させることにより自己増殖するプログラムのことを指すが，近年は，他のプログラムの一部となるかどうかにかかわらず，さらには自己増殖するかどうかにすらかかわらず，コンピュータに被害をもたらす悪意のあるプログラムを総称してコンピュータウィルスと呼ぶ場合がある。そのようなプログラムを実行すると，システムのファイルを破壊したり，あるいは情報を他のコンピュータに送信したりといった不正な操作が行われる。

感染のきっかけは，システムのセキュリティホールを利用した不正実行のほかに，ユーザ自身による不用意なプログラム実行であることも多い。このため，ウェブサイトからダウンロードしたり，あるいは他人から送られたりしたプログラムに対して，特に信頼がおけない場合には，不用意にそれらを実行しないことが重要である。

一方，セキュリティホールは日々新しいものが発見され続けているため，ユーザが注意しているだけでは防御には限界がある。そのため，ウィルス対策ソフト（アンチウィルスソフト，ワクチン）を導入し，システムを守ることが必須となっている。ウィルス対策ソフトは，これまでに報告のあったウィルスプログラムの特徴を記したウィルス検出用のデータ（パターンファイル）を保持し，システム内に新しく作成されたファイルの調査，あるいは全ファイルの定期的な調査によりウィルスを検出する。新しいウィルスプログラムに対してシステムを守るためにも，つねに最新のウィルス対策ソフト，およびパターンファイルに更新しておくことが重要である。

章末問題

【1】 回線交換とパケット交換の違いを述べよ。特に，パケット交換方式の原理とその特長を述べよ。

【2】 ネットワークのトポロジーとは何か，述べよ。また，代表的なトポロジーを三つあげ，その特徴を述べよ。

【3】 OSI 基本参照モデルにおいて，通信プロトコルが独立した機能をもつ七つの階層に分かれているのはなぜか。

【4】 4 層からなるインターネットの TCP/IP について，各層の役割と，代表的なプロトコルを述べよ。

【5】 MAC アドレスとは何か。Ethernet におけるその役割と，フレーム送受信の手順を示せ。

【6】 IP アドレスと MAC アドレスの違いを述べよ。

【7】 ネットワークアドレス，およびサブネットマスクとは何か。

【8】 TCP と UDP の違いを述べよ。また，それぞれどのような用途に適すか述べよ。

【9】 ポート番号とは何か。またソケットは何に用いられるか。

【10】 アプリケーション層の代表的なプロトコルを三つあげよ。

【11】 DNS はなぜ必要か。また，DNS による名前解決について，その動作を説明せよ。

【12】 ポートスキャンとは何か。

【13】 コンピュータウィルスとは何か。

11 計算機の歴史

本章では，計算機（コンピュータ）の発展の歴史を概観する。本書のほかの章（付録を含む）で説明されている用語は，説明なしに用いている。適宜，索引を参照されたい。

11.1 計算に用いられた古代の道具

最初，人類は指を用いて数を数えたであろう，というのが大多数の意見である。このほか，数を数えたと考えられている指以外の道具として，動物の骨や角に刻みを入れた痕跡が，BC2 万5000 年頃のクロマニヨン人の遺跡で見つかっている。やがて文明が生まれ商業が発達すると，日常的な商取引における計算のための道具として，アバカス（abacus）が用いられるようになった。

アバカスとは，小石や木の実を地面や溝を掘った板に並べて計算を行う道具であり，そろばんの元祖である。このような小石や木の実はラテン語で calculi と呼ばれ，英語の calculate の語源となった。アバカスは，BC2500 年頃，古代メソポタミアにおいてシュメール人により用いられた形跡が見られ，続くバビロニアにおいても加減算を行うために利用されたと考えられている。バビロニアの楔（くさび）形文字の一部はアバカスの絵文字に由来するとの説もある。

基本的に加減算に用いられてきたアバカスに代わり，16 世紀にスコットランドの数学者で特に対数の発見者であるネイピア（John Napier，付録図 **H.1**）により，乗算のための算木であるネイピアの骨（Napier's bone）が考案された（付録図 **H.2**）。ネイピアの骨は，1～9 の数が順番に書かれた棒と，1～9 の中の一つの数 n に対する積 $n, 2n, 3n, \cdots, 9n$ が書かれた棒からなり，n 桁 × 1 桁の整数の乗算を足し算のみで行うことができる。n に対する積は，図のように，斜線の左側に 10 の位が，右側に 1 の位が書かれている。

例えば 148×2 を求める場合には，上部に 1，4，8 と書かれた 3 本の棒を並べる。つぎに 2 行目を読み取り，斜線の左側の数字を桁上がりとして左隣の棒の右側の数値と足し合わせる。桁上がりがなくなるまでこれを繰り返すと，積が求まる。このように，ネイピアの骨は掛け算の九九を与えるものであり，桁上がりの加算を人間が行うことにより n 桁 × 1 桁の乗算を行う。n 桁 × m 桁の乗算や，除算も n 桁 × 1 桁の乗算を繰り返すことにより計算することができる。

11.2 歯車による機械式計算機の時代

ドイツの博識者シッカート（Wilhelm Schickard，付録図 **H.3**）は，1623 年に，歯車を用いてネイピアの骨による計算を自動化した機械式計算機を作製した（付録図 **H.4**）。この計算機は，歯車を用いて計算を行う最初の計算機であり，計算する時計（calculating clock）と呼ばれた。計算機の上段部には 6 桁 × 1 桁の乗算を行うための 6 本のネイピアの骨が内蔵され，中段部には必要な繰上がりを加算するためのダイアルが用意されている。下段部は手動で計算結果を残すためのダイアル式のいわばメモリである。シッカートの計算機は現存していないが，複製が製作されている（付録図 **H.5**）。

シッカートの計算機に続き，フランスの数学者，物理学者，哲学者，思想家，宗教家でパスカルの原理で有名なパスカル（Blaise Pascal，付録図 **H.6**）は，1645 年に，歯車による機械式計算機パスカリーヌ（Pascaline）を発明した（付録図 **H.7**）。10 進数のほか，当時のフランスの通貨単位に合わせ，20 進数，12 進数の加減算ができるようになっている。各桁の数字をセットした後に，加算する数に合わせて各桁のダイアルを回すことにより，自動的に繰上がりが行われた。パスカリーヌは現存する最古の機械式計算機である。

パスカリーヌは加減算しかできなかったのに対し，ライプニッツ（Gottfried Wilhelm Von Leibniz, 付録図 **H.8**）は 1672 年に加減乗除のできる世界初の機械式計算機（stepped reckoner）を発明した（付録図 **H.9**）。現存するライプニッツの計算機では，16 桁の 10 進数の計算が可能である。以降，歯車による同様な機械式計算機が続々と開発された。日本では，矢頭（やず）良一が 1902 年に自働算盤（ヤズ・アリスモメトール，Yazu Arithmometer）を発明した。これは量産され，200 台あまりが販売された。また，大本鉄鋼所（現株式会社タイガー）の大本（おおもと）寅治郎は，1919 年に機械式計算機の開発に着手し，1923 年に「虎印計算器」として商品化に成功し，販売を開始した。当初は国産品に対する不信から販売数が伸び悩んだため，「虎印」を「TIGER BRAND」と変え舶来品として販売が試みられた。以降，タイガー手回し計算器の名で広く知られたこの機械式計算機（付録図 **H.10**）は，改良を重ね昭和 45 年まで製造・販売がなされ，科学計算，工業技術計算に広く用いられることとなった。

これらの機械式計算機は，数値の入力や計算操作はすべて人間の手によって行われるものであった。このため，計算ミス，計算結果の写し間違いや印刷工程で誤植などにより，当時遠洋航海に必須であった天体観測用の数表や，対数・三角関数表にはきわめて間違いが多く見られた。このような問題に対し，イギリスの数学者であるバベッジ（Charles Babbage）は，数表を計算するための多項式を機械的に計算し印刷までを自動的に行う階差機関（difference engine）を 1822 年に考案した。x の n 次の多項式に対し x をある一定間隔で変えて得られる数列では，n 階の階差は定数となる。階差機関では，この定数となる階差を順に足していくことにより，乗算なしに多項式を計算する。第7階差までの計算ができるように設計された第1階差機関は，1823年に政府の助成金が得られ，製作を担当する機械工作技術者のクレメント（Joseph Clement）とともに開発が始まった。しかしながら，巨費を投じたものの完成することはできず，1833年に開発は断念された。これは，当時の工作技術力が不足していたためというよりは，大規模な設計に対する資金不足と，バベッジとクレメントとの確執が原因と言われている。

開発の中断する前年，7分の1の大きさの演算部分のみが製作された。これは6桁の10進数を第2階差まで計算することができた。演算部のみのため，数値は手でダイアルを回してセットし，計算結果は歯車に書かれた数値を読み取ることにより得られた。その後，バベッジは1847年から1849年にかけて，桁数が増えたにもかかわらず部品数を大幅に減らした第2階差機関を設計した（付録図 **H.11**）。これは当時製作されることはなかったものの，1991年のバベッジ生誕200周年に間に合わせるべく，ロンドン科学博物館がバベッジの本来の計画に基づいて製作を行った。2002年にはバベッジが設計した印刷部も完成し，階差機関とともにどちらも問題なく動作した。ハンドルを6回回すごとに，およそ6秒かけて10進数31桁の計算結果が得られた。8000個にも及ぶ鋳鉄，鋼鉄，銅製の部品は19世紀の技術水準に合わせて製作され，当時の技術でもバベッジの設計したものが動作することを実証した。なお，ロンドン科学博物館には，バベッジの右脳も展示されている（付録図 **H.12**）。

当時完成した階差機関として，スウェーデンのシュウツ（George Scheutz）の階差機関（Scheutzian calculation engine）がある。バベッジの階差機関に基づき，シュウツは息子とともに第1号機を1843年に完成させ，機械計算による初の数表を作製した。これはテスト機であり5桁の数について第3階差まで計算することしかできなかったが，およそ10年後の1854年に規模を大きくした第2号機（15桁，第4階差），1859年に3号機を完成させた（付録図 **H.13**）。これらはバベッジの階差機関と同様に印刷部も備えており，実際に動作した。

一方，バベッジは1834年に，多項式のみを計算する階差機関よりも汎用な解析機関（analitycal engine）の開発に取り掛かった（付録図 **H.14**）。解析機関は，計算の手順をプログラムとして与えることのできる世界初の計算機とも言えるものである。現代の計算機と同様に，解析機関は分離された演算部（ミル，mill，付録図 **H.15**）とメモリをもち，さらに，数値の入力や結果の出力装置を備えている。当時最先端の織機に用いられていた模様を決める穴あきカードからアイディアを借用し，解析機関のプログラムはパンチカードにより与えられる仕組みであった。プログラムでは，条件により異なる計算が可能であり，一群の計算を指定した回数繰り返すことができ，また，サブルーチンの機能があった。加えて，複数の計算を同時に行うことが可能となるような，今で言う並列処理に相当する機構についても構想が練られており，解析機関がいかに先進的であったかがわかる。

設計や部分的な試作はバベッジの亡くなる1871年まで続けられたものの，資金不足などにより完成することはなかった。解析機関は，完成していれば高さ4m，長さ6mの大きさで，蒸気機関により駆動される予定であった。バベッジの死後，その息子ヘンリー・バベッジ（Henry Babbage）が解析機関のミルの一部を作り上げ，実際に円周率 π の計算などを行った。

バベッジと解析機関のよき理解者の一人に，エイダ（Ada Augusta Countess Lovelace，付録図 **H.16**）がいる。彼女はバベッジにより製作された階差機関の演算部分を見て機械式計算機に非常に興味をもち，以降，解析機関設計に協力することとなる。解析機関を深く理解していたエイダは，その可能性について克明に書き記している。エイダ自身も解析機関のプログラムを書いており，彼女の名は，1980 年代に米国国防総省主導で開発されたプログラミング言語 Ada の名前の由来となっている。

11.3　電気・電子式計算機の時代：近代的計算機の黎明期

やがて，継電器（リレー，1835 年），電信機（1837 年），電話（1876 年），白熱電球（1878 年），真空管（1904 年）などのさまざまな発明がなされ，電気の時代が到来する。計算機も，従来の機械式よりも小さく高速な電気・電子素子を用いて作られるようになった。この時代の年表を**表 11.1** に示す。

表 11.1　黎明期の計算機開発年表

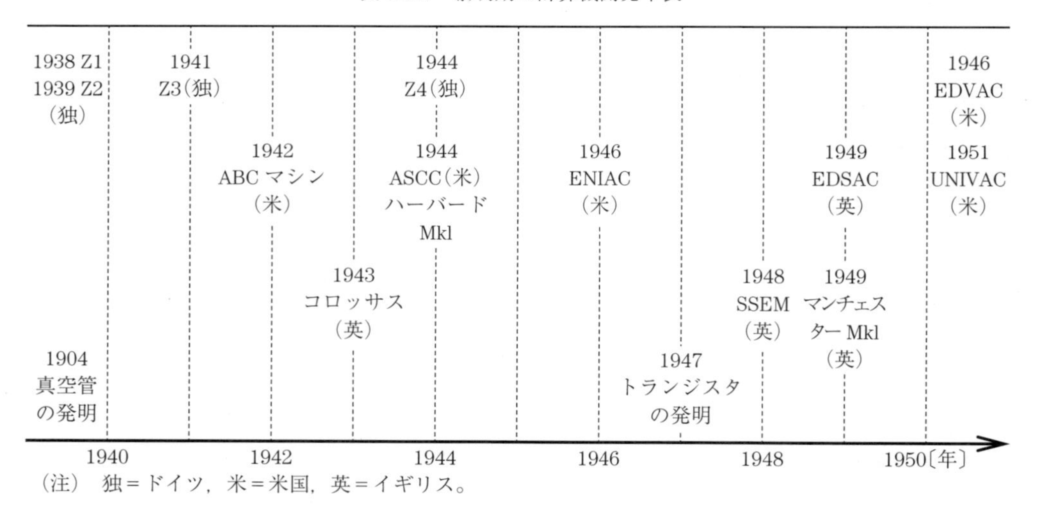

（注）　独＝ドイツ，米＝米国，英＝イギリス。

ドイツのツーゼ（Konrad Zuse，付録図 **H.17**）は，初のプログラム可能な電気式計算機 Z1（1938 年，付録図 **H.18**），Z2（1939 年頃），Z3（1941 年），Z4（1944 年）を開発した。これらの計算機では，演算部とメモリが分離された構造になっており，プログラムは使用済みの 35 ミリ映画フィルムに穴をあけたものにより与えられた。Z1 では演算は金属片による機械を電気モータで駆動して行われた。Z2, Z3, Z4 では，演算にリレーが用いられた。Z1 は誤動作が多くまた Z2 はテスト機であったため，Z3 がプログラムにより計算順序を指定可能な最初の計算機として認められている。まだ 2 進整数すら一般的に用いられなかった時代にもかかわらず，Z1,

Z2, Z3 では演算に 2 進浮動小数点数を採用している。この浮動小数点数形式は，ビット数の違いはあるものの仮数を正規化する点など，IEEE754 規格（1985 年制定，2008 年改訂）と共通する部分が多い。また，ツーゼは，1941 年から 1945 年にかけてプログラミングのための高級言語プランカキュール（Plankalkul）を設計している。

1942 年に，米国アイオワ州立大学のジョン・アタナソフ（John Vincent Atanasoff）とクリフォード・ベリー（Clifford Edward Berry）は真空管を用いた世界初の電子式計算機 ABC（Atanasoff-Berry Computer）マシンを開発した（付録図 **H.19**）。演算には真空管による論理回路が用いられ，2 進数 50 桁の固定小数点数の加減乗除が複数同時に行われるようになっていた。メモリは演算部と分離されており，コンデンサによるダイナミックメモリであった。ABC マシンはプログラム可能ではない連立方程式を解くための専用計算機であり，また，入出力装置に誤動作が多く実用化には至らなかったものの，1973 年の裁判により，世界で初めて電子的に計算を行った計算機は，後述する ENIAC ではなく ABC マシンであると確定している。

第 2 次世界大戦中にドイツの暗号を解読するために，イギリスの暗号解読プロジェクトとその組織「ステーション X」により，1943 年にコロッサス（Colossus）が開発された（付録図 **H.20**）。コロッサスは加減乗除の機能はなく論理演算のみによる暗号解読専用機であったが，真空管（付録図 **H.21**）からなる世界で初めて実用となった電子式計算機である。コロッサスはプログラム可能ではなく，配線とスイッチによりパラメータを変更できる程度であった。ステーション X にはチューリングマシンやチューリングテストを考案したアラン・チューリング（Alan Mathison Turing）が参加している。米国計算機学会 ACM（Associations for Computing Machinery）は，のちに彼の業績を記念し，計算機分野で最高の権威ある賞と認識されているチューリング賞を設けた。2014 年現在，日本人受賞者はまだいない。

1944 年，米国ハーバード大学のホワード・エイケン（Howard Hathaway Aiken，付録図 **H.22**）は，米国 IBM 社と米国海軍の協力のもと，機械電気式のプログラム可能計算機 ASCC（Automatic Sequence Controlled Calculator, Harvard Mark I）を開発した。ASCC はのちにハーバード大学へ寄贈され，ハーバード・マーク I（付録図 **H.23**）と名称が変更された。ASCC は紙テープによりプログラムを供給する汎用計算機であり，実用となった初のプログラム可能計算機である。演算は 10 進 23 桁の固定小数点数により行われる。ASCC はリレーと歯車を用いた，いわば電気機械式の計算機であり，計算速度は機械稼動部分により制限された。女性プログラマの先駆けであり，プログラミング言語 COBOL の開発者として知られる米国海軍のグレース・ホッパー（Grace Brewster Murray Hopper，付録図 **H.24**）は，ASCC のプログラミングを担当した。ASCC の後継機のリレーに蛾（が）が挟まり，動作停止の原因となったというエピソードは有名である†。

† グレース・ホッパーの日誌には「First actual case of bug being found」との記録がある。バグ（bug）は古くから電気器具の動作不良を表す言葉として使われており，現在も計算機プログラムの不具合の意味で広く用いられている。

1943 年に，米国陸軍弾道研究所のハーマン・ゴールドスタイン（Herman Heine Goldstine）は，大砲の弾道計算を高速化するために，米国ペンシルバニア大学のモークリ（John William Mauchly），およびエッカート（John Presper Eckert）と高速計算機の開発契約を結んだ。1946 年に，真空管，リレー，ダイオード，コンデンサ，抵抗の部品からなる電子計算機 ENIAC（Electronic Numerical Integrator And Computer）が完成した（付録図 **H.25**）。ENIAC は数値的な積分により微分方程式を解く計算が可能で，演算には 10 進数の固定小数点数が用いられた。入出力はパンチカードで行われたが，プログラミングには配線やスイッチの変更が必要であった。当初は弾道計算のために開発されたが，完成後行った最初の有効な計算は水素爆弾の熱核連鎖反応計算であった。このように実用計算が行えるようになった初の電子計算機 ENIAC の登場は，続く世界各国の電子計算機開発競争の幕開けとなった。

1944 年，ENIAC の開発中，モークリとエッカートはその後継機として，より柔軟に計算ができるような新しい計算機 EDVAC（Electronic Discrete Variable Automatic Calculator）を考案した（付録図 **H.26**）。EDVAC では，プログラムの柔軟性を実現するために，世界で初めて**プログラム記憶**（stored program）方式が考え出された。やがてハンガリーの数学者フォン・ノイマン（John Lois von Neumann, 1903–1957，付録図 **H.27**）も計画に参加し，1951 年に EDVAC は完成し稼動を始めた。EDVAC では 2 進数による演算を真空管により実現し，メモリには水銀遅延線を使用した。これは，細長い管の中に満たされた水銀の一端に振動系列を与え，他端に遅れて現れる振動系列を検出して再度入力側に戻すことにより記憶を実現するものである。

プログラム記憶方式の考案はモークリとエッカートによるとも言われているが，その概念をまとめた EDVAC の初期構想の報告書は，フォン・ノイマンの単名で 1945 年に発表され，これが世に広まった。その結果，プログラム記憶方式の考案者はフォン・ノイマンであるとの認識が広まり，この方式の計算機は「フォン・ノイマン型」とも呼ばれるようになった。

エッカートとモークリは ENIAC 完成後，EDVAC 開発中にペンシルバニア大学を離れて会社を設立した。同社はレミントンランド社に買収された後，1951 年に本格的商用計算機 UNIVAC（universal automatic computer）を開発した（付録図 **H.28**）。UNIVAC の 1 号機は米国国勢調査局に納入された。

同時期，イギリスのマンチェスター大学のフレデリック・ウィリアムズ（Frederic Calland Williams）とトム・キルバーン（Tom Kilburn）は，1948 年に，プログラム記憶方式計算機の実験機 SSEM（Small-Scale Experimental Machine）を開発した。SSEM では，水銀遅延線よりも高速なウィリアムズ・キルバーン管（付録図 **H.29**）がメモリとして用いられた。これはブラウン管のような陰極線管であり，電子線による蛍光面の帯電を利用して記憶を実現していた。SSEM には入出力装置は特になく，スイッチを用いてアドレスと 2 進数値をメモリに入力した。演算結果はメモリ上の 2 進数の 0, 1 をウィリアムズ・キルバーン管に表示させるのみであった。メモリ容量は 32 ワードと小さく，また命令の種類も七つと少なかったが，SSEM は初めて実際に稼動したプログラム記憶方式の計算機とされている。1948 年 6 月 21 日，任意の正の整数の最大の約数を求めるプログラムが SSEM 上で最初に動作確認された。その後 SSEM は少しずつ改良され，1949 年にはより大規模な計算機 Manchester Mark I に発展した。1951 年には，さらに汎用化されたものがイギリス Ferranti 社から Ferranti Mark I として出荷された。UNIVAC 1 号機の納入に 1 ヶ月先んじており，世界初の商用計算機とされる。

1949 年，ケンブリッジ大学のモーリス・ウィルクス（Maurice Vincent Wilkes, 付録図 **H.30**）らは，実験的ではなく実用的に使用された初のプログラム記憶方式の計算機とされる，EDSAC（Electronic Delay Storage Automatic Calculator）を開発した（付録図 **H.31**）。EDSAC は開発されると即座に大学の研究用に使われ始めた。EDSAC の演算素子とメモリには，それぞれ真空管と水銀遅延線（付録図 **H.32**）が使われた。EDSAC のプログラムではサブルーチンが多く用いられたことが特徴的であった。1958 年以降，EDSAC は EDSAC2 に改良された（付録図 **H.33**）。また，デービット・ウィーラー（David John Wheeler, 1927–2004）により，今日のアセンブラとブートローダを合わせたようなイニシャル・オーダーというプログラムが開発され，プログラミング作業の負担が大幅に軽減された。

11.4 集積回路と現代の計算機

1947 年に米国ベル研究所においてウィリアム・ショックレー（William Bradford Shockley）らによりトランジスタが発明されるなど，半導体の技術開発も相まって，計算機は急速な進歩を遂げることとなる。1958 年にはキルビー（Jack St. Clair Kilby）が集積回路を発明する。1960 年には，米国 DEC（Digital Equipment Corporation）社が同社 PDP シリーズ最初の製品 PDP–1（Programmed Data Processor–1）を出荷する（付録図 **H.34**）。1964 年には，IBM が社運をかけたメインフレーム計算機 System/360 を販売する（付録図 **H.35**）†。小規模から大規模まで互換性のある計算機がラインアップされ，市場で大きな成功を収めた。System/360 以前は，計算機の設計と具体的な製品は 1 対 1 対応していたのに対し，統一的な設計に基づいて複数の製品が開発されるようになったことを意味し，計算機アーキテクチャという概念はこ

† 商用計算機は，その規模・用途に応じてさまざまな分類名で呼ばれる。**メインフレーム**（mainframe）は，企業の基幹業務などに利用される大規模な計算機であり，技術計算・事務計算など多方面の処理をこなせるよう設計されることから**汎用機**とも呼ばれる。より小規模で部署ごとに運用できるようなものは**ミニコンピュータ**（minicomputer，ミニコン）と呼ばれ，PDP シリーズはその代表的なものであった。さらに小型で技術者・研究者個人が占有できる規模のものは**ワークステーション**（workstation, WS）と呼ばれ，個人が家庭で使用することを想定したものは**パーソナルコンピュータ**（personal computer, **PC**）と呼ばれる。現在では，PC の普及と高性能化とともに，ミニコンに分類される製品は存在しなくなった。WS は，PC と本質的な区別はなく単に販売戦略上の用語となっている。ミニコンより小さいもの（すなわち WS や PC）を指して**マイクロコンピュータ**（microcomputer，マイコン）と呼ぶ時代もあったが，現在では稀であり，むしろ入出力やメモリとともに単一チップ化した機器組込み用のものをマイコン（microcomputer, microcontroller）と呼ぶのが一般的である。

こで誕生したと言える。また，商用計算機としては初めてオペレーティングシステムを採用している。

1969 年には，米国国防総省の国防高等研究計画局（Advanced Research Project Agency）により研究調査を目的とする計算機ネットワーク ARPANET が構築された。ARPANET は今日のインターネットの原型となった。

1971 年には，日本の計算機メーカであるビジコンからの依頼を受け，初のマイクロプロセッサ 4004 が米国インテル社により開発された（付録図 **H.36**）。4004 はデータ長 4 ビットの 4 ビットマイクロプロセッサであり，トランジスタ数は 2300 個で，741kHz の周波数で動作した。命令長は 8 ビットであり，アドレスは 12 ビットである。命令実行には 8 クロックサイクルを要した。4004 が納入されてすぐ，ビジコンは経営の行き詰まりにより，4004 の値下げと引換えにインテルにその販売権を譲渡した。以降，インテルは，4004 の 8 ビット版である 8008 から現在の Core プロセッサシリーズに至るまで，商業的成功のもと，さまざまなマイクロプロセッサを開発することになる。

1975 年，マイクロプロセッサを使った個人向け計算機アルテア 8800 が米国 MITS（Micro Instrumentation Telemetry Systems）社により販売された（付録図 **H.37**）。アルテア 8800 は購入者が組み立てるキット形式で販売された。初のパーソナルコンピュータと呼ばれることもあるが，実際には，ディスプレイもキーボードもなく，パネルに多数のスイッチとネオンランプが付いているだけであった。メモリはわずか 256 バイトであった。このアルテア 8800 が将来のソフトウェア需要をもたらすことを予見したビル・ゲイツ（William Henry Gates III）とポール・アレン（Paul Gardner Allen）は，同年にプログラミング言語 BASIC（the Beginners All-purpose Symbolic Instruction Code）インタプリタのアルテア 8800 版を開発した。米国マイクロソフト社の誕生である。

1977 年には，米国アップル社が現在のパーソナルコンピュータの原型とも言うべき Apple II を発表した。Apple II は，それまでの個人向け計算機とは異なり，一般的な愛好家にも使えるホームコンピュータであった。組立てキットではなく完成品の計算機として，世界で初めて個人向けに大量生産されたマイクロコンピュータである。1978 年には，インテルは 8080 を 16 ビットに拡張した，x86 アーキテクチャの最初のマイクロプロセッサ 8086 を開発した。翌 1979 年に，米国モトローラ社は 16 ビットマイクロプロセッサ MC68000 を開発した。その頃盛上がりを見せていたパーソナルコンピュータがビジネスマシンとしても認知されると，IBM は 1981 年に，同社初のパーソナルコンピュータ IBM PC を発売した。IBM PC は現在各社から発売されている PC/AT 互換機の元祖である。IBM PC にはインテルの 8088 マイクロプロセッサとマイクロソフトの OS である MS-DOS が採用され，それ以降の両社の飛躍的発展のきっかけとなった。1984 年にはアップルが Machintosh を販売した。1985 年には，以降の x86 互換マイクロプロセッサの事実上の基本となる 32 ビットプロセッサ 80386 がインテルより発表された。続いて1989年には浮動小数点演算コプロセッサやキャッシュメモリを同一チップ上に統合したプロセッサ80486が，1993年には同時2命令のアウトオブオーダ実行を行うスーパースカラ型で，命令とデータと分離されたキャッシュを搭載するPentiumプロセッサが発売された（付録図**H.38**）。

一方，1981年には米国カリフォルニア大学バークレイ校からRISC Iアーキテクチャが，1982年には米国スタンフォード大学からMIPSアーキテクチャが発表され，前者は米国サン・マイクロシステムズ社のSPARCプロセッサへ，後者は米国MIPSコンピュータシステムズ社のMIPSプロセッサへと発展した。インテルやモトローラのプロセッサ（CISC型）が命令セットの高機能化・複雑化に向かっていたのに対し，これらのプロセッサ（RISC型）は簡素な命令セットによる高速化を狙った。CISC対RISCの争いの行方については付録F章を参照されたい。以降も，ムーアの法則を産業界の目標としながら，年々高性能なプロセッサが開発されていく。これにより，より高性能で安価なパーソナルコンピュータが社会に広く浸透していくこととなる。

日本では，1950年代より本格的に計算機の開発が行われるようになった。当時，計算機に用いられた基本素子である真空管やトランジスタは非常に高価であったため，日本では，これに代わる安価な独自の素子として**パラメトロン**（parametron）が発明され，しばらくの間広く用いられることとなった。パラメトロンが使用された計算機の例としては，日本電気（NEC）と東北大学が共同で開発したSENAC–1，東京大学が開発したPC–1などがある。パラメトロンは動作速度が遅いうえに消費電力が大きく，やがてトランジスタに取って代わられるようになる。1960年代以降は，国鉄（現JR）の座席予約システムや，銀行のオンラインシステムなどとして利用されるメインフレームが国内各社により開発されるようになる。また，同時期以降に，おもに中小企業などでの事務処理を行うために設計された比較的小型の計算機である**オフィスコンピュータ**（オフコン）の利用が広がった。オフィスコンピュータの名称は日本独自のもので，計算機としての規模はミニコンピュータ，ワークステーションなどに相当する。

1982年には，NECが国産のパーソナルコンピュータPC9801を発売した。PC9801にはインテルのx86互換プロセッサが採用されており，動作周波数は5MHzであった。また，1980年代には国内各社から，独自仕様のパーソナルコンピュータが発売されるようになり，「パソコン」の名称が一般化する。代表的なものとして，8ビットプロセッサを搭載したNEC PC8001，PC8801，PC6001，シャープX1，富士通FM7，マイクロソフトの規格に基づいて各社が販売したMSX，16ビットプロセッサを搭載したシャープX68000，32ビットプロセッサを搭載した富士通FM-TOWNSなどがある。PC9801シリーズは国民機として圧倒的な人気を誇ったが，PC/AT互換機の台頭により，そのほかのパソコンとともにやがてそのシェアを奪われていく。PC9801シリーズの独自アーキテクチャは1997年を最後にその幕を閉じた。1980年代終盤には東芝がIBM PC互換のDynabookを販売し，いわゆるノートパソコンが台頭する嚆矢（こうし）

となった。

1983 年には任天堂により家庭用ビデオゲーム機ファミリーコンピュータが販売され，通算で 6000 万台以上が全世界で販売された。ファミリーコンピュータには米国モステクノロジー社の MOS 6502 を拡張した 8 ビットプロセッサが搭載されている。この成功を受け，1994 年には 32 ビットプロセッサを搭載し 3 次元グラフィックス機能を強化したゲーム機として，ソニー・コンピュータエンターテイメント（SCE）社より PlayStation が，またセガ・エンタープライゼスからはセガサターンが発売された。その後，2000 年には，SCE と東芝により独自開発されたプロセッサ Emotion Engine を搭載する PlayStation2 が発売され，好評を博した。Emotion Engine は非常に高性能であったため，それまでとは大きく異なるグラフィックスのゲームが可能となった。一方，ゲーム機であるにもかかわらず，その高性能半導体は兵器転用の恐れがあるとして輸出規制の対象となった。このようなコンシューマエレクトロニクス製品は，その売上げ台数が多いことから，最先端半導体を牽引する原動力の一つとなっていく。2006 年には，SCE により PlayStation3 が発売された。PlayStation3 には，SCE，東芝，IBM 共同開発のヘテロジニアスマルチコアプロセッサ Cell Broadband Engine が搭載された。

一方，従来は電話機の機能が重視されていた携帯電話に代わり，プログラムを実行可能とすることでさまざまな機能を利用することができる携帯情報端末としてのスマートフォンが人気を博すようになる。特に，アップルが 2007 年に販売を開始した iPhone が爆発的なヒットを記録し，携帯電話の販売台数におけるスマートフォンのシェアが加速的に伸びる原動力となる。この成功に伴い，米国グーグル社による OS Android を搭載したいわゆる Android 端末など，同様なスマートフォンが多数販売されるようになった。また，2010 年には，アップルからタブレット型の携帯端末である iPad が販売され，これも好評を博した。大きなスクリーンとタッチパネル方式によるインタフェースにより，直感的に操作が行えるほか，メールやウェブ閲覧などの日常的な作業が楽に行えることから，それまではノートパソコンが中心であったモバイル端末の一部を置き換えつつある。また，この成功を受け，Android 陣営からも多数のタブレット端末が発売されるに至っている。

科学技術分野や産業において重要となる高性能大規模計算を行う大型計算機は，**スーパーコンピュータ**（supercomputer）と呼ばれる。1975 年には，シーモア・クレイ（Seymour Roger Cray, 1925–1996）率いる米国クレイ・リサーチ社が世界初のスーパーコンピュータ Cray–1 を開発した（付録図 **H.39**）。主記憶は 8 メガバイトであり，ベクトル処理により高速な数値計算を実現した。80MHz 動作で 2 命令実行の場合に理論性能は 160MIPS を達成した。その後日本では，1993 年に，富士通が，数値風洞システム（Numerical Wind Tunnel, NWT）というスーパーコンピュータにより，世界の計算機の性能のランキングである TOP500 において日本ではじめて 1 位を獲得した。NWT は，VPP というベクトルパラレル型のプロセッサから構成されており，140 個のプロセッサで 124GFLOPS という性能を達成した。2002 年から 2004

年にかけて，NEC が開発した地球シミュレータは，LINPACK ベンチマークに対し実効性能 35.86TFLOPS により TOP500 の 1 位を維持した。2004 年には IBM の BlueGene/L がピーク性能で 360TFLOPS を達成し TOP500 の 1 位を獲得した。2008 年には，IBM のスーパーコンピュータ Roadrunner が，世界初の 1PFLOPS を達成した。

また，この頃になると，もともとは 3 次元グラフィックスの高速描画のために作られた GPU がプログラム可能となったのに加え，高性能なコンパイラの登場により，GPGPU として一般の高性能計算にも利用されるようになってきた。GPGPU のように，計算を加速するための計算ハードウェアのことを，アクセラレータと呼ぶ。日本では，東京工業大学で GPGPU を主体とする TSUBAME が開発され，2010 年にバージョンアップが行われた TSUBAME2.0 が 1.192PFLOPS というペタフロップス級の性能を達成した。2010 年には，TOP500 において，中国の国防科学技術大学に設置された天河一号（Tianhe–1A）が 1 位を獲得した。7168 個の米国 NVIDIA 社製 GPU と 1 万 4336 個のプロセッサを用いて，理論性能 4.7PFLOPS の 55%に相当する 2.566PFLOPS の性能を達成した。一方，GPGPU を用いない従来の計算機も継続して開発されており，2011 年 6 月には，富士通と理化学研究所が国家プロジェクトとして共同で開発した京（K–computer）が 8.162PFLOPS の性能を達成し，地球シミュレータ以来，じつに 7 年ぶりに TOP500 の 1 位を獲得した。その後 2011 年 11 月には，システム全体を稼動し理論性能に 93.2%に相当する 10.51PFLOPS を達成し，2 期連続で 1 位を獲得した。しかしながら翌年 2012 年 6 月には，IBM の開発したセコイアが 16.32PFLOPS で TOP500 の 1 位を奪還する。また，2013 年 6 月には中国の天河–2 が 1 位となり，33.86PFLOPS の性能で 2014 年 6 月現在も 1 位を保っている。このように，各国はスーパーコンピュータ開発にしのぎを削っており，2020 年頃に訪れると予想されているエクサフロップス級のスーパーコンピュータをつぎなるターゲットとして研究開発が進められている。

索　　引

太字となっているページには，基本的な説明が詳しく書かれている。
「付」が記されているページ数は付録（Web で配布）でのページ数を示している。

—— 著者略歴 ——

鏡　慎吾（かがみ　しんご）

1998年　東京大学工学部計数工学科卒業
2000年　東京大学大学院工学系研究科修士課程修了（計数工学専攻）
2003年　東京大学大学院工学系研究科博士課程修了（計数工学専攻），博士（工学）
2003年　科学技術振興事業団研究員
2003年　東京大学助手
2005年　東北大学講師
2007年　東北大学准教授
現在に至る

滝沢　寛之（たきざわ　ひろゆき）

1995年　東北大学工学部機械知能工学科卒業
1997年　東北大学大学院情報科学研究科博士課程前期2年の課程修了（情報基礎科学専攻）
1999年　東北大学大学院情報科学研究科博士課程後期3年の課程修了（情報基礎科学専攻），博士（情報科学）
1999年　新潟大学助手
2003年　東北大学助手
2004年　東北大学講師
2009年　東北大学准教授
現在に至る

小林　広明（こばやし　ひろあき）

1984年　東北大学工学部通信工学科卒業
1986年　東北大学大学院工学研究科博士課程前期2年の課程修了（情報工学専攻）
1988年　東北大学大学院工学研究科博士課程後期3年の課程修了（情報工学専攻），工学博士
1988年　東北大学助手
1991年　東北大学講師
1993年　東北大学助教授
2001年　東北大学教授
2008年　東北大学サイバーサイエンスセンター長
2012年　東北大学教育研究評議会委員
2014年　日本学術会議連携会員
現在に至る
この間，1995，1997，2000～2001年スタンフォード大学コンピュータシステム研究所客員准教授

佐野　健太郎（さの　けんたろう）

1997年　東北大学大学院情報科学研究科博士課程前期2年の課程修了（情報基礎科学専攻）
2000年　東北大学大学院情報科学研究科博士課程後期3年の課程修了（情報基礎科学専攻），博士（情報科学）
2000年　東北大学助手
2005年　東北大学助教授
2007年　東北大学准教授
現在に至る

岡谷　貴之（おかたに　たかゆき）

1994年　東京大学工学部計数工学科卒業
1996年　東京大学大学院工学系研究科修士課程修了（計数工学専攻）
1999年　東京大学大学院工学系研究科博士課程修了（計数工学専攻），博士（工学）
1999年　東北大学助手
2001年　東北大学講師
2003年　東北大学助教授
2007年　東北大学准教授
2013年　東北大学教授
現在に至る

コンピュータ工学入門
Fundamentals of Computer Engineering

2015年3月31日　初版第1刷発行 ★

検印省略

著　者　鏡　慎吾
　　　　佐野　健太郎
　　　　滝沢　寛之
　　　　岡谷　貴之
　　　　小林　広明
発行者　株式会社　コロナ社
　　　　代表者　牛来真也
印刷所　三美印刷株式会社

112-0011　東京都文京区千石4-46-10
発行所　株式会社　コロナ社
CORONA PUBLISHING CO., LTD.
Tokyo Japan
振替 00140-8-14844・電話(03)3941-3131(代)
ホームページ http://www.coronasha.co.jp

ISBN 978-4-339-02492-0　(新宅)　(製本：グリーン)
Printed in Japan

自然言語処理シリーズ

（各巻A5判）

■監　修　　奥村　学

配本順	書名	著者	頁	本体
1.（2回）	言語処理のための機械学習入門	高村大也著	224	2800円
2.（1回）	質問応答システム	磯崎・東中・永田・加藤共著	254	3200円
3.	情報抽出	関根聡著		
4.（4回）	機械翻訳	渡辺・今村・賀沢・Graham・中澤共著	328	4200円
5.（3回）	特許情報処理：言語処理的アプローチ	藤井・谷川・岩山・難波・山本・内山共著	240	3000円
6.	Web言語処理	奥村学著		
7.（5回）	対話システム	中野・駒谷・船越・中野共著	296	3700円
8.	トピックモデルによる統計的潜在意味解析	佐藤一誠著	272	3500円
9.	構文解析	鶴岡慶雅・宮尾祐介共著		
10.	文脈解析：述語項構造，照応，談話構造の解析	笹野遼平・飯田龍共著		
11.	語学学習支援のための自然言語処理	永田亮・小町守共著		

電子情報通信レクチャーシリーズ

■電子情報通信学会編　　（各巻B5判）

共通

	配本順			頁	本体
A-1	（第30回）	電子情報通信と産業	西村吉雄著	272	4700円
A-2	（第14回）	電子情報通信技術史 —おもに日本を中心としたマイルストーン—	「技術と歴史」研究会編	276	4700円
A-3	（第26回）	情報社会・セキュリティ・倫理	辻井重男著	172	3000円
A-4		メディアと人間	原島博 北川高嗣 共著		
A-5	（第6回）	情報リテラシーとプレゼンテーション	青木由直著	216	3400円
A-6	（第29回）	コンピュータの基礎	村岡洋一著	160	2800円
A-7	（第19回）	情報通信ネットワーク	水澤純一著	192	3000円
A-8		マイクロエレクトロニクス	亀山充隆著		
A-9		電子物性とデバイス	益一哉 天川修平 共著		

基礎

	配本順			頁	本体
B-1		電気電子基礎数学	大石進一著		
B-2		基礎電気回路	篠田庄司著		
B-3		信号とシステム	荒川薫著		
B-5		論理回路	安浦寛人著		
B-6	（第9回）	オートマトン・言語と計算理論	岩間一雄著	186	3000円
B-7		コンピュータプログラミング	富樫敦著		
B-8		データ構造とアルゴリズム	岩沼宏治他著		
B-9		ネットワーク工学	仙石正和 田村裕 中野敬介 共著		
B-10	（第1回）	電磁気学	後藤尚久著	186	2900円
B-11	（第20回）	基礎電子物性工学 —量子力学の基本と応用—	阿部正紀著	154	2700円
B-12	（第4回）	波動解析基礎	小柴正則著	162	2600円
B-13	（第2回）	電磁気計測	岩﨑俊著	182	2900円

基盤

	配本順			頁	本体
C-1	（第13回）	情報・符号・暗号の理論	今井秀樹著	220	3500円
C-2		ディジタル信号処理	西原明法著		
C-3	（第25回）	電子回路	関根慶太郎著	190	3300円
C-4	（第21回）	数理計画法	山下信雄 福島雅夫 共著	192	3000円
C-5		通信システム工学	三木哲也著		
C-6	（第17回）	インターネット工学	後藤滋樹 外山勝保 共著	162	2800円
C-7	（第3回）	画像・メディア工学	吹抜敬彦著	182	2900円
C-8		音声・言語処理	広瀬啓吉著	近刊	
C-9	（第11回）	コンピュータアーキテクチャ	坂井修一著	158	2700円

電気・電子系教科書シリーズ

（各巻A5判）

■編集委員長　高橋　寛
■幹　　　事　湯田幸八
■編 集 委 員　江間　敏・竹下鉄夫・多田泰芳
　　　　　　　中澤達夫・西山明彦

配本順		書名	著者	頁	本体
1.	(16回)	電気基礎	柴田尚志・皆藤新一 共著	252	3000円
2.	(14回)	電磁気学	多田泰芳・柴田尚志 共著	304	3600円
3.	(21回)	電気回路Ⅰ	柴田尚志 著	248	3000円
4.	(3回)	電気回路Ⅱ	遠藤勲・鈴木靖 共著	208	2600円
5.		電気・電子計測工学	西山明彦・吉沢昌純 共著		
6.	(8回)	制御工学	下西二郎・奥平鎮正 共著	216	2600円
7.	(18回)	ディジタル制御	青木立・西堀俊幸 共著	202	2500円
8.	(25回)	ロボット工学	白水俊次 著	240	3000円
9.	(1回)	電子工学基礎	中澤達夫・藤原勝幸 共著	174	2200円
10.	(6回)	半導体工学	渡辺英夫 著	160	2000円
11.	(15回)	電気・電子材料	中澤・藤原・押田・服部・森山 共著	208	2500円
12.	(13回)	電子回路	須田健二・土田英一 共著	238	2800円
13.	(2回)	ディジタル回路	伊原充博・若海弘夫・吉沢昌純 共著	240	2800円
14.	(11回)	情報リテラシー入門	室賀進也・山下巌 共著	176	2200円
15.	(19回)	C++プログラミング入門	湯田幸八 著	256	2800円
16.	(22回)	マイクロコンピュータ制御プログラミング入門	柚賀正光・千代谷慶 共著	244	3000円
17.	(17回)	計算機システム	春日健・舘泉雄治 共著	240	2800円
18.	(10回)	アルゴリズムとデータ構造	湯田幸八・伊原充博 共著	252	3000円
19.	(7回)	電気機器工学	前田勉・新谷邦弘 共著	222	2700円
20.	(9回)	パワーエレクトロニクス	江間敏・高橋勲 共著	202	2500円
21.	(12回)	電力工学	江間敏・甲斐隆章 共著	260	2900円
22.	(5回)	情報理論	三木成彦・吉川英機 共著	216	2600円
23.	(26回)	通信工学	竹下鉄夫・吉川英機 共著	198	2500円
24.	(24回)	電波工学	松田豊稔・宮田克正・南部幸久 共著	238	2800円
25.	(23回)	情報通信システム(改訂版)	岡田正・桑原裕史 共著	206	2500円
26.	(20回)	高電圧工学	植月唯夫・松原孝史・箕田充志 共著	216	2800円

定価は本体価格+税です。
定価は変更されることがありますのでご了承下さい。

コンピュータサイエンス教科書シリーズ

（各巻A5判）

■編集委員長　曽和将容
■編 集 委 員　岩田　彰・富田悦次

配本順		書名	著者	頁	本体
1.	（8回）	情報リテラシー	立花康夫・曽和将容・春日秀雄共著	234	2800円
4.	（7回）	プログラミング言語論	大山口通夫・五味弘共著	238	2900円
5.	（14回）	論理回路	曽和将容・範公可共著	174	2500円
6.	（1回）	コンピュータアーキテクチャ	曽和将容著	232	2800円
7.	（9回）	オペレーティングシステム	大澤範高著	240	2900円
8.	（3回）	コンパイラ	中田育男監修　中井央著	206	2500円
10.	（13回）	インターネット	加藤聰彦著	240	3000円
11.	（4回）	ディジタル通信	岩波保則著	232	2800円
13.	（10回）	ディジタルシグナルプロセッシング	岩田彰編著	190	2500円
15.	（2回）	離散数学 —CD-ROM付—	牛島和夫編著　相利民・朝廣雄一共著	224	3000円
16.	（5回）	計算論	小林孝次郎著	214	2600円
18.	（11回）	数理論理学	古川康一・向井国昭共著	234	2800円
19.	（6回）	数理計画法	加藤直樹著	232	2800円
20.	（12回）	数値計算	加古孝著	188	2400円

以下続刊

2.	データ構造とアルゴリズム	伊藤大雄著
3.	形式言語とオートマトン	町田元著
9.	ヒューマンコンピュータインタラクション	田野俊一著
12.	人工知能原理	嶋田・加納共著
14.	情報代数と符号理論	山口和彦著
17.	確率論と情報理論	川端勉著

定価は本体価格+税です。
定価は変更されることがありますのでご了承下さい。

図書目録進呈◆